职业教育机械类专业"互联网+"新形态教材

工程材料与热处理

主 编 白钰枝 韩斌慧
副主编 史秀宝 张建广 王温栋
参 编 马晓龙 叶华欣 宋育红
　　　 雷 蕾 王 兰
主 审 张敏华

机械工业出版社

本书由达标篇和进阶篇两部分构成。达标篇以项目任务的形式编写，共由 3 个模块、8 个项目、24 个任务组成。模块 1 为金属材料性能探究，包含金属材料力学性能和材料成形工艺及工艺性能探究两个项目；模块 2 为常用工程材料的辨识，包含金属材料的辨识、非金属材料的辨识及材料的辨识综合训练 3 个项目；模块 3 为常用金属材料的改性，包含材料改性基础知识、整体热处理探究及表面改性工艺探究 3 个项目。进阶篇以问答的形式呈现，对达标篇 24 个任务的内容进行的延展。

本书可作为高等职业院校机械设计制造类、航空装备类、自动化类专业的教材，也可作为相关工程技术人员的参考用书。

图书在版编目（CIP）数据

工程材料与热处理 / 白钰枝，韩斌慧主编. --北京：机械工业出版社，2024.8. --（职业教育机械类专业"互联网+"新形态教材）. -- ISBN 978-7-111-76241-6

Ⅰ. TB3；TG15

中国国家版本馆 CIP 数据核字第 2024Z9Q619 号

机械工业出版社（北京市百万庄大街 22 号　邮政编码 100037）
策划编辑：黎　艳　　　　　　责任编辑：黎　艳　杨　璇
责任校对：潘　蕊　李　婷　　封面设计：王　旭
责任印制：刘　媛
涿州市京南印刷厂印刷
2024 年 9 月第 1 版第 1 次印刷
210mm×285mm・11.75 印张・346 千字
标准书号：ISBN 978-7-111-76241-6
定价：45.00 元（含练习夹册）

电话服务　　　　　　　　　　网络服务
客服电话：010-88361066　　　机　工　官　网：www.cmpbook.com
　　　　　010-88379833　　　机　工　官　博：weibo.com/cmp1952
　　　　　010-68326294　　　金　书　网：www.golden-book.com
封底无防伪标均为盗版　　　机工教育服务网：www.cmpedu.com

进阶篇（练习夹册）

模块1进阶

任务1 进阶

1. 食品包装袋的开口为什么设计成锯齿形？

解析：食品包装袋采用锯齿形开口容易被撕开与应力集中有关系。

那应力是什么呢？材料受外因（或者说外力、湿度、温度场变化）作用后，内部各部分之间会产生一个与载荷相平衡的内力，以抵抗外因的作用，并试图使物体从变形后的位置恢复到变形前的位置。由于受到的外力不同，材料内部各点的应力在很多情况下并不均匀。材料内部产生的各部分之间的这种试图保持原状的作用力就是应力。假如材料受到拉伸或压缩的外力，内部某横截面垂直方向上单位面积的内力则称为拉应力或压应力（即正应力）。

如果截面尺寸有变化，就会引起应力的局部增大，这种现象称为应力集中。

食品包装袋设计了锯齿形开口（进阶图1-1）就相当于截面尺寸在变化，引起的应力集中使锯齿底部尖角处在外力不变的情况下，应力突然增大了好几倍，所以以很容易被撕开。食品包装袋利用了应力集中，实际上应力集中还会带来很多伤害，甚至造成严重后果。

世界上第一架喷气式客机——彗星客机（进阶图1-2）的失事就是应力集中导致的，其方形窗框使应力集中于四个角上，飞机工作中频繁的受压导致结构金属疲劳，四个角的金属疲劳尤为严重，容易产生裂纹，最后裂纹开裂，酿成了事故。

进阶图1-1 包装袋的锯齿形开口

进阶图1-2 彗星客机

2. 应力集中的问题会出现在什么情况下？如何提前避免或减少应力集中的影响？

解析：在工程实际中，由于某种用途，通常需要在构件上开孔、开槽、开缺口、制作台阶等，这些构件截面突变的区域会出现应力集中；材料本身存在的夹杂、气孔、裂纹等非连续性缺陷，也会产生应力集中；由于强拉伸、冷加工、热处理、焊接等而引起的残余应力，叠加上工件所受应力后，也有可能出现较大的应力集中，其中结构焊缝本身就是容易产生应力集中的部位。

零件中部开孔与两侧开孔时应力分布情况的对比如进阶图1-3所示。

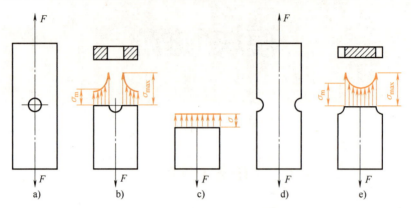

进阶图 1-3　应力分布情况的对比

a）孔在中部　b）孔在中部处横截面应力分布　c）无孔横截面应力分布
d）孔在两侧　e）孔在两侧处横截面应力分布

如何避免产生应力集中呢？

1) 减少裂纹产生的因素就会减少应力集中的影响。强化材料是有效的方法，可以采用的方法有表面热处理强化、喷丸强化、滚压强化等。

2) 结构的优化设计会降低应力集中的影响。可改变应力集中因素的形状（进阶图1-4）、改变应力集中因素的位置（进阶图1-3）、在零件截面突变的地方增加卸荷槽（进阶图1-5）等方法都能减少应力集中的影响。

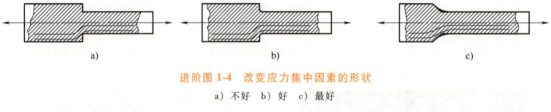

进阶图 1-4　改变应力集中因素的形状
a）不好　b）好　c）最好

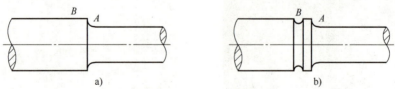

进阶图 1-5　增加卸荷槽
a）B 处不设卸荷槽　b）B 处增加卸荷槽

任务 2 进阶

1. 除了了解布氏硬度、洛氏硬度和维氏硬度的测定方法，还想了解里氏硬度计相关问题。

解析：里氏硬度计（进阶图2-1）是基于一种相当简单的物理动态硬度检测原理。通过弹簧力将带有硬金属压头的冲击体推向试样表面,当冲击体撞击检测表面时会使表面产生变形,这将导致动能的损耗。通过距表面某一准确距离处测得的冲击速度和回弹速度计算出能量损耗,冲击体内部的永久磁铁在冲击装置的单线圈中产生一个感应电压,电压信号与冲击体的速度成比例,经过电子技术处理的电压信号转换为硬度值供显示和储存。

进阶图 2-1　里氏硬度计

里氏硬度的特点如下:

1)里氏硬度属**动载测试法**,考察冲击体反弹和冲击的速度,通过速度修正,可在任意方向上使用,极大地方便了使用者。

2)通常使用的布氏、洛氏、维氏硬度计体积庞大,不便于在现场使用,特别是需测试大、重型工件时,由于硬度计工作台无法容纳,所以根本无法检测。而里氏硬度计无需工作台,其硬度传感器小如一只笔,可用手直接操作,无论是大、重型工件还是几何尺寸复杂的工件,都很容易检测。

3)里氏硬度试验方法对产品表面损伤很轻,有时可作为无损检测;对各个方向、窄小空间及特殊部位的硬度测试具有独特性。

4)里氏硬度值和其他硬度值(HRC、HRBW、HBW、HV)之间有对应关系,因此可将里氏硬度值(HL)转换成其他硬度值,与其他硬度值的转换可通过机内微计算机进行。

5)里氏硬度值和金属材料的弹性模量 E 有关,所以里氏硬度计是按材料种类进行分类测试的。

2. HM 是哪种硬度?试验方法是怎样的?

解析:HM 是显微硬度,它是一种压入硬度,反映被测物体对抗另一硬物压入的能力,实质上是一种小载荷的维氏硬度,其原理与维氏硬度相同。

显微硬度计(进阶图 2-2)是一台设有加载荷装置、带有目镜测微器的显微镜。测定之前,先要将待测材料制成反光磨片试样,置于显微硬度计的载物台上,通过加载荷装置对四棱锥形的金刚石压头加压。载荷的大小可根据待测材料的硬度不同而增减。金刚石压头压入试样后,在试样表面上会产生一个凹坑。把显微镜十字丝对准凹坑,用目镜测微器测量凹坑对角线的长度。根据所加载荷及凹坑对角线长度就可计算出所测材料的显微硬度值。

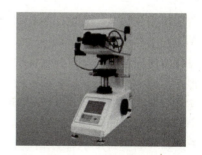

进阶图 2-2　显微硬度计

显微硬度计主要用于微小件、薄型试件、脆硬件的测试，通过选用各种附件或者升级各种结构可广泛地用于各种金属（钢铁、非铁金属、合金材料等）、金属组织、金属表面加工层、电镀层、硬化层（氧化层、各种渗层、涂镀层）、热处理试样、碳化试样、淬火试样、相夹杂点的微小部分、玻璃、玛瑙、人造宝石、陶瓷等材料的测试。

在细微部分还可以进行精密定位的多点测量、压痕的深层测试与分析、渗镀层测试与分析、硬度梯度的测试、金相组织结构的观察与研究、涂镀层厚度的测量与分析等。

3. 布氏硬度、洛氏硬度等的测定对工件损伤比较大，有没有一种损伤更小的硬度计呢？

解析：有，超声波硬度计（进阶图 2-3）。

在硬度测试方法中，布氏硬度和洛氏硬度对工件表面损伤较大，维氏硬度成本较高，且都不能测试大型工件；里氏硬度计属间接测量硬度。随着微处理器技术的发展，超声波无损检测方法获得了行业认可，其中超声波测厚仪和探伤仪已经广泛应用，超声波硬度计的应用也逐渐普及。

使用超声波硬度计时，金刚石压头与被测件接触，在均匀的接触压力下，探测头的谐振频率随硬度而改变，通过计量该频率的变化达到测量硬度的目的。该方法对被测件的损伤极小，与上述其他方法相比具有很大的优越性。

进阶图 2-3　超声波硬度计

超声波硬度计可测量法兰盘边缘和齿轮根部、工模、薄板、表面硬化的齿和齿轮、锥度部分、轴和薄壁管道、容器、车轮、涡轮转子、钻头的刀口，还可进行焊接部位等的现场测量。

超声波硬度计自带转换功能，可在不同硬度制式间自由转换（布氏、洛氏、维氏）并测量。

任务 3 进阶

1. 看到零件破坏的断口，如何判定是韧性断裂还是脆性断裂？

解析：按照材料断裂前所产生的宏观塑性变形量的大小，断裂通常分为韧性断裂和脆性断裂。

韧性断裂又称为延性断裂或塑性断裂，断裂的特征是断裂前发生明显的宏观塑性变形。在工程结构中，韧性断裂一般表现为过载断裂，即零件危险截面处所承受的实际应力超过了材料的屈服强度或抗拉强度而发生的断裂。韧性断裂有一个缓慢的撕裂过程，在裂纹扩展过程中不断消耗能量，断裂面一般平行于最大切应力并与主应力成45°角，用肉眼或低倍显微镜观察时，其断口呈暗灰色、纤维状，断口形貌及其特征如进阶图3-1所示。

脆性断裂的特征是断裂前基本上不发生明显的塑性变形，没有明显征兆，因而危害性更大。脆性断裂时承受的工作应力很小，一般低于材料的屈服强度，因此人们又把脆性断裂称为低应力脆性断裂。脆性断裂的裂纹源总是从内部或表面的宏观缺陷处开始，温度降低时脆断倾向增加。脆性断裂的断口平齐而光亮，常呈结晶状或放射状，且与正应力方向垂直。这些放射状条纹汇聚于一个中心，这个中心区域就是裂纹源。断口表面越光滑，放射条纹越细，这是典型的脆断形貌，如进阶图3-2所示。

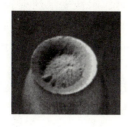

进阶图 3-1　韧性断口

a)

b)

进阶图 3-2　脆性断口

a) 脆性材料拉伸破坏脆性断口　b) 韧性材料疲劳断裂脆性断口

通常，脆性断裂前也产生微量塑性变形。一般规定光滑拉伸试样的断面收缩率小于5%（反映微量的均匀塑性变形，因为脆性断裂没有缩颈形成）者为脆性断裂；反之，大于5%者为韧性断裂。由此可见，金属材料的韧性与脆性是根据一定条件下的塑性变形量来规定的，条件改变，材料的韧性与脆性也会随之变化。

2. 很多物体在低温时会变得很脆，金属材料是不是也如此呢？

解析：是的，很多材料会这样，这里涉及一个概念——冷脆现象。

冷脆现象：有些金属材料，如工程上用的中低强度钢，当温度降低到某一程度时，会出现吸收能量明显下降并引起脆性破坏的现象，称为冷脆。历史上曾经发生过多次由于低温脆性造成的压力容器、船舶、桥梁等大型钢结构脆断的事故，造成巨大损失。如著名的泰坦尼克号游轮冰海沉船事故、美国第二次世界大战期间建造的焊接油轮"Victory"断裂事故、西伯利亚铁路断轨事故等。

3. 关于疲劳，还有哪些类型的疲劳？

解析：

（1）低周疲劳　金属零件或构件有时受到很大的循环应力，如风暴席卷的海船壳体、飞机起飞和降落时的起落架、经常充气的压力容器等，在较少循环周次情况下也会发生疲劳断裂，如飞机的起落架寿命只有几千次。这种在大应力低周次下的破坏，称为低周疲劳。低周疲劳和高周疲劳的区分，大约以 10^5 周次为界。

在低周疲劳时，金属零件或构件因承受的载荷较大，即使名义应力低于材料的屈服强度，但在实际零件缺口根部会因局部的应力集中使实际应力超过材料的屈服强度，产生塑性变形，并且这个变形总是受到周围弹性体的约束，即缺口根部的变形是受控制的。所以，金属零件或构件受循环应力作用，而缺口根部则受循环塑性应变作用，疲劳裂纹总是在缺口根部形成，并最终导致疲劳破坏。

因塑性变形量较大，故低周疲劳不能用 $S\text{-}N$ 曲线描述材料的疲劳抗力，而应改用应变-寿命曲线，即 $\varepsilon\text{-}N$ 曲线。

（2）热疲劳　有些零件在服役过程中温度要发生反复变化，如热锻模、涡轮机叶片等。零件在由温度循环变化产生的循环热应力及热应变作用下发生的疲劳，称为热疲劳。热疲劳不同于由高温下循环机械应力造成的温度升高疲劳，在相同的塑性变形范围内，热疲劳寿命一般比机械疲劳低。但通常这两种疲劳形式同时发生，因为很多零件同时遭遇温度骤升骤降和交变载荷作用，这时发生的疲劳称为热机械疲劳。

产生热应力必须有两个条件，即温度变化和机械约束。温度变化使材料膨胀，固有约束阻止膨胀而产生热应力。约束可以来自外部，如管道温度升高时，刚性支承约束管道膨胀；也可以来自材料的内部，即所谓内部约束，是指零件截面内存在温度差，一部分材料约束另一部分材料，使之不能自由膨胀，于是也产生热应力。由于材料的膨胀系数不同，温度变化时也会产生热应力，如铁素体钢与奥氏体钢的焊接等。

热疲劳裂纹是沿表面热应变最大的区域形成的，也常从应力集中处萌生。裂纹源一般有几个，在热循环过程中，有些裂纹发展形成主裂纹。裂纹扩展方向垂直于表面，并向纵深扩展而导致断裂。

金属材料抗热疲劳性能不仅与材料的热传导、比热容等热学性质有关，而且还与弹性模量、屈服强度等力学性能以及密度、尺寸几何因素等有关。

任务 4 进阶

1. 特种铸造听起来就是精度高的铸造，这样理解对吗？

解析：可以这样理解。

与砂型铸造相比，特种铸造方法具有如下特点：铸件的尺寸精度高，表面粗糙度值小，更接近于零件的最终尺寸，从而易于实现少屑或无屑加工；铸件的内部质量好，力学性能高；铸造生产不用砂或少用砂，改善了劳动条件；简化了生产工序（熔模铸造除外），便于实现生产过程的机械化和自动化；降低了金属消耗和铸件废品率；对于一些结构特殊的铸件，具有较好的技术经济效果。

正是由于上述优点，特种铸造方法得到了越来越广泛的应用，但每一种特种铸造方法都有其局限性。因此，在决定某一种铸件是否采用特种铸造时，必须综合考虑铸件材料的性质、铸件的结构和生产批量等因素，否则就不能达到优质高产和降低成本的目的。

2. 除了熔模铸造，其他特种铸造有什么特点？铸造新技术有哪些？

解析：

（1）压力铸造（简称为压铸） 它的实质是在高压作用下，使液态或半固态金属以较高的速度充填压铸型型腔，并在压力作用下凝固而获得铸件的方法，即在压力下浇注、在压力下凝固。它是近代金属加工工艺中发展较为迅速的一种少屑、无屑加工工艺，也是机械化程度和生产率很高的铸造方法。高压、高速是压力铸造的两大特点，也是压力铸造区别于其他铸造方法的最基本特征。

（2）陶瓷型铸造 它是指用水解硅酸乙酯、耐火材料、催化剂等混合制成的陶瓷浆料灌注到模板上或芯盒中造型（芯）的一种铸造方法。它是在普通砂型铸造的基础上发展起来的一种新工艺。目前，陶瓷型铸造已成为铸造中、大型厚壁精密铸件的重要方法之一，如热锻模、冲模、金属型和热芯盒等。

（3）石膏型精密铸造 它是 20 世纪 70 年代发展起来的一种精密铸造新技术。石膏型精密铸造工艺过程是将熔模组装，并固定在专供灌浆用的砂箱平板上，在真空下把石膏浆料灌入，待浆料凝结后经干燥即可脱除熔模，再经烘干、焙烧成为石膏型，在真空下浇注获得铸件。

（4）消失模铸造技术 它是将与铸件尺寸、形状相似的发泡塑料模样黏结组合成模样簇，刷涂耐火涂层并烘干后，埋在干石英砂中振动造型，在一定条件下浇注液体金属，使模样汽化并占据模样位置，凝固冷却后形成所需铸件的方法。

（5）壳型铸造　在铸造生产中，砂型（芯）直接承受金属液作用的只是表面一层厚度仅为数毫米的砂壳，其余的砂只起支承这一层砂壳的作用。若只用一层薄壳来制造铸件，将减少砂处理工部的大量工作，还能减少环境污染。

（6）金属型铸造　将金属液浇注到金属材料制成的铸型中而获得铸件的方法称为金属型铸造。由于金属铸型能重复使用成百上千次，甚至上万次，故又称金属型铸造为永久型铸造。

（7）离心铸造　它是将熔融金属浇入绕水平、倾斜或立轴旋转的铸型，在离心力作用下凝固成形的铸造方法。其他铸造方法，铸型处于静止状态，铸件的形成和结晶在重力或压力作用下进行，而离心铸造时，铸件凝固结晶不仅受重力的作用，而且受离心力的作用。由于受离心力的作用，金属液在径向能很好地充填铸型，形成铸件的自由表面，不用砂芯即能获得圆柱形内孔，有助于金属液中气体和夹杂物的排除，也影响金属的结晶过程，可以使金属的组织致密、晶粒细化，从而提高铸件的力学性能。

（8）挤压压铸　全称是真空挤压压铸模锻工艺与装备及其模具技术，1997年由我国工程技术人员发明。挤压压铸是为了解决普通压铸和传统挤压铸造（液态模锻）两项技术存在的主要问题，集合了两项工艺的优势提出来的。它是两项技术突破现有技术瓶颈，走向综合的必然结果，具有强大的技术优势和经济价值。挤压压铸也是型腔模具成形工艺一项多年来寻求突破的技术。

（9）真空吸铸　它是一种在型腔内造成真空，把金属液由下而上地吸入型腔，进行凝固成形的铸造方法。

任务5　进阶

1. 锻造新工艺有哪些？

解析：精密锻造堪称新工艺，其是在普通模具的基础上开发的新技术，几乎不需要切削。应用于生产的精密锻造工艺有热精密锻造、冷精密锻造、温精密锻造、复合精密锻造、等温精密锻造等。

2. 对精密锻造工艺能做一个简单介绍吗？

解析：高精度锻造采用精密模锻，其是指在模锻设备上锻造出形状复杂、锻件精度高的模锻工艺。零件锻造成形后，只需要少量加工或不再加工就符合零件要求。它是先进制造技术的重要组成部分，也是汽车、矿山、能源、建筑、航空、航天、兵器等行业中应用广泛的零件制造工艺。

热精密锻造工艺是指锻造温度在再结晶温度之上的精密锻造工艺。热精密锻造材料变形抗力小、塑性好，容易成形比较复杂的工件，但因强烈的氧化作用，工件表面质量和尺寸精度较低。热精密锻造常用的工艺方法为闭式模锻。

冷精密锻造工艺是在室温下进行的精密锻造工艺。冷精密锻造工艺具有如下特点：工件形状和尺寸较易控制，避免了高温带来的误差；工件强度和精度高，表面质量好。冷精密锻造成形过程中，工件塑性差、变形抗力大，对模具和设备要求高，而且很难成形结构复杂的工件。

温精密锻造工艺是在再结晶温度之下某个适合的温度下进行的精密锻造工艺。温精密锻造成形技术既突破了冷精密锻造成形中变形抗力大、工件形状不能太复杂、需增加中间热处理和表面处理工步的局限性，又克服了热精密锻造中因强烈氧化作用而降低表面质量和尺寸精度的问题，同时具有冷精密锻造和热精密锻造的优点，克服了两者的缺点。

复合精密锻造工艺是将冷、温、热精密锻造工艺进行组合共同完成一个工件的锻造，能发挥冷、温、热精密锻造的优点，以满足日趋复杂的零件结构要求及精度要求。

等温精密锻造工艺是指坯料在趋于恒定的温度下模锻成形。等温精密锻造常用于航空航天工业中的钛合金、铝合金、镁合金等难变形材料的精密成形，近年来也用于汽车和机械工业非铁金属的精密成形。等温精密锻造主要应用于锻造温度较窄的金属材料，尤其是对变形温度非常敏感的钛合金。

精密锻造不仅节约材料、能源，减少了加工工序和设备，而且显著提高了生产率和产品质量，降低了生产成本，从而提高了产品的市场竞争能力。由于锻造毛坯形状和尺寸与零件成品几乎甚至完全一样，因此使用精密锻造技术需要对锻造的相关环节提出更严格的技术要求，例如，降低毛坯的尺寸公差、提高表面质量、采用无氧化或少氧化的加热方法、控制加热规格和冷却规格、控制模具制造和使用精度、工序间严格进行检验清理工作、选择合适的润滑和冷却条件等。

任务 6 进阶

请问能否介绍更多的焊接工艺？

解析：焊接方法很多，这里简介几种常见的焊接方法。

（1）摩擦焊　摩擦焊是利用焊件间相互摩擦产生的热量，同时加压而进行焊接的方法。如进阶图 6-1 所示，先将两焊件装夹在焊机上，加一定压力使焊件紧密接触，然后焊件 1 做旋转运动，使焊件接触面相互摩擦，产生热量，待焊件端面被加热到高温塑性状态时，利用制动装置使焊件 1 骤然停止旋转，并在焊件 2 的端面加大压力，使两焊件产生塑性变形而被焊接起来。

（2）激光焊　激光焊是一种以聚焦的激光束作为能源轰击焊件所产生的热量进行焊接的方法。如进阶图 6-2 所示，由于激光具有折射、聚焦等光学性质，使得激光焊非常适合于微型零件和可达性很差的部位的焊接。激光焊还有热输入低、焊接变形小、不受电磁场影响等特点。

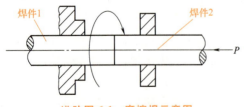

进阶图 6-1　摩擦焊示意图

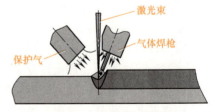

进阶图 6-2　激光焊示意图

（3）电子束焊　电子束焊是指利用加速和聚焦的电子束轰击置于真空或非真空中的焊接面，使焊件熔化，实现焊接的熔焊方法，其原理如进阶图 6-3 所示。真空电子束焊是应用最广的电子束焊。

（4）等离子弧焊　等离子弧焊是指利用等离子弧高能量密度束流作为焊接热源的熔焊方法，其原理如进阶图6-4所示。等离子弧焊具有能量集中、生产率高、焊接速度快、应力变形小、电弧稳定且适宜焊接薄板和箱材等特点，特别适合于各种难熔、易氧化及热敏感性强的金属材料（如钨、钼、铜、镍、钛等）的焊接。

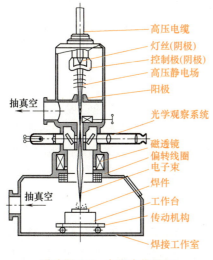

进阶图6-3　电子束焊原理

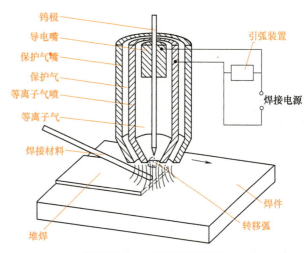

进阶图6-4　等离子弧焊原理

（5）搅拌摩擦焊　搅拌摩擦焊是一种固态连接过程，使用一种不消耗的工具来连接两个面对的焊件，而不会熔化焊件材料。如进阶图6-5所示，旋转工具和焊件之间的摩擦会产生热量，从而导致搅拌摩擦焊工具附近的区域变软。当沿着接合线移动工具时，它会机械地将两块金属混合在一起，并通过工具施加的机械压力锻造热的和软化的金属，就像接合黏土或面团一样。它主要用于锻造或挤压铝，特别是需要很高焊接强度的结构。搅拌摩擦焊能够连接铝合金、铜合金、钛合金、低碳钢、不锈钢和镁合金，也可用于聚合物的焊接。此外，搅拌摩擦焊已实现了将异种金属（如铝）与镁合金接合在一起。搅拌摩擦焊在现代造船、火车和航空航天上得到了广泛应用。

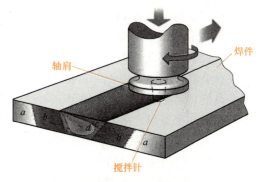

进阶图6-5　搅拌摩擦焊示意图

a—母材　b—热影响区
c—热机影响区　d—焊核区

任务7 进阶

1. 我想不断提高自己的职业能力，技能等级证书是什么？与职业院校的学生有什么关系？

解析：2019年国务院常务会议决定将技能人员水平评价由政府认定改为实行社会化等级认定，接受市场和社会认可与检验，这是推动政府职能转变、形成以市场为导向的技能人才培养使用机制的一场革命，有利于破除对技能人才成长和弘扬工匠精神的制约，促进产业升级和高质量发展。同时，在职业教育中推行"学历证书+若干职业技能等级证书"（简称为1+X证书）制度试点工作。职业技能等级证书是表明劳动者具有从事某一职业所必备的学识和技能的证明。它是劳动者求职、任职、开业的资格凭证，是用人单位招聘、录用劳动者的主要依据，也是境外就业、对外劳务合作人员办理技能水平公证的有效证件。

2. 为何硬度为170~230HBW的工件切削加工性较好？

解析：硬度低于170HBW时容易形成很长的切屑缠绕，造成刀具的发热和磨损，工件加工后，表面粗糙度也很不理想；当硬度超过230HBW时，特别是大于300HBW时，切削抗力明显增大，刀具磨损加快，切削加工性显著下降。

3. 加工硬化是怎么回事？它对切削加工有什么影响？

解析：在对塑性材料进行切削时，切屑会产生大量的塑性变形，同样的道理，工件的已加工表面也存在着塑性变形，工件表面的金属经塑性变形后，其内部晶粒沿变形方向被压扁或拉长，随着变形量的增加，金属的塑性变形抗力迅速增大，金属的强度和硬度显著升高，而塑性和韧性明显下降，也就是说，切削后，在已加工表面会形成一层硬化层，如果该硬化层的硬度过高，就会造成加工困难。

4. 切削加工性好的材料有哪些？

解析：铸铁、铜合金、铝合金及一般碳素钢都具有较好的切削加工性，还有一种易切削钢，是指在钢中加入一定数量的一种或一种以上的硫、磷、铅、钙、硒、碲等易切削元素，以改善其切削加工性的合金钢。随着切削加工的自动化、高速化与精密化，要求钢材具有良好的易切削性是非常重要的，这类钢主要在自动切削机床上加工。

5. 航空领域有哪些难加工材料？造成难加工的原因是什么？

解析：航空领域的难加工材料主要有高强度钢、不锈钢、钛合金、高温合金等。不锈钢和高温合金在切削加工时会产生很大的加工硬化倾向，不锈钢的塑性变形会导致晶格严重扭曲，在高的切削温度和应力作用下，不稳定的奥氏体将部分转变为马氏体，造成材料已加工表面强度、硬度提高；高温合金在产生塑性变形后，在切削热的作用下，材料表面吸收周围介质中的氢、氧、氮等元素，形成脆硬的表层。不锈钢、钛合金、高温合金的导热系数都较小，造成切削过程中产生的大量切削热无法导出而导致温度积聚。

6. 什么是特种加工？都有哪些加工方法？

解析：随着现代科学技术的飞速发展和产品性能要求的不断提高，工件材料的硬度和强度越来越高，不锈钢、高强度钢、钛合金、高温合金等难加工材料的应用越来越广泛，使用切削加工方法来实现这些材料的加工也越发困难。特种加工就是为了解决这一问题而产生和发展起来的。特种加工是指采用电、声、光、热以及化学能来切除金属或非金属层的新型加工方法。下面介绍几种特种加工方法。

（1）电火花加工 电火花加工是在一定的介质中，通过工具电极和工件电极之间的脉冲放电的电蚀作用对工件进行加工的方法。

（2）电解加工 电解加工是利用金属工件在电解液中所产生的阳极溶解作用而进行加工的方法。

（3）超声波加工 超声波加工是利用超声波做小幅振动的工具，并通过它与工件之间游离于液体中的磨料对被加工表面的锤击作用，冲击和抛磨工件的被加工部位，使其局部材料被蚀除而成粉末的加工方法。

（4）激光加工　通过光学系统使激光聚焦成一个极小的光斑，当它照射在被加工表面上时，光能被加工表面吸收并转化成热能，使工件材料在瞬间被熔化和汽化，从而达到去除材料的目的。

（5）电子束加工　电子束加工是在真空条件下，利用聚焦后能量密度极高的电子束以极高的速度冲击到工件表面极小的面积上，在很短的时间内其能量大部分转变为热能，使被冲击的工件材料达到几千摄氏度的高温，从而引起材料的局部熔化和汽化，达到去除材料的目的。

任务8 进阶

1. 除了使用铸造、锻造及粉末冶金等成形方法，还有哪些特殊的成形方法？

解析：

（1）等静压成形　等静压成形是利用液体或者气体作为压力介质，利用高压流体产生的静压力对粉末实施压制的方法。如进阶图 8-1 所示，等静压成形的过程为：借助高压泵的作用把流体介质（气体或液体）压入耐高压的钢制密封容器内，高压流体的静压力直接作用在弹性模套内的粉末上，在同一时间内粉末在各个方向上均衡地受压而获得密度分布均匀、强度较高的压坯。

使用等静压成形压制出的压坯密度分布均匀，压坯强度高，便于加工和运输，且模具材料是橡胶和塑料，成本较低。但其对压坯尺寸的精度控制较差，比钢模压制的效率要低，且橡胶和塑料模具使用寿命较短。

（2）无压成形　无压成形在成形过程中不使用压力，这里介绍粉浆浇注法。粉浆浇注工艺原理如进阶图 8-2 所示，其基本过程是将粉末与水（或其他液体，如甘油、酒精）制成一定浓度的悬浮粉浆，注入具有所需形状的石膏模中成形。

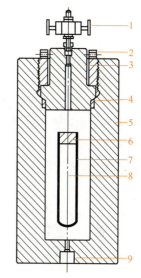

进阶图 8-1　等静压成形原理图

1—排气阀　2—压紧螺母　3—盖顶
4—密封圈　5—高压容器　6—橡皮塞
7—模套　8—压制料　9—压力介质入口

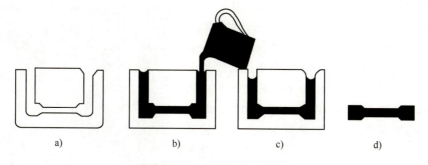

进阶图 8-2　粉浆浇注工艺原理

a）组合石膏模　b）粉浆浇注入模　c）吸收粉浆水分　d）成形件

（3）注射成形　粉末注射成形是粉末冶金技术与塑料注射成形技术相结合的一项新工艺，其过程是将粉末与热塑性材料均匀混合成为具有良好流动性（在一定温度条件下）的流态物质，然后把这种流态物质在注射成形机上经一定的温度和压力，注入模具内成形。这种工艺能够制出形状复杂的坯块。注射成形机的模具和喂料机构如进阶图8-3所示。

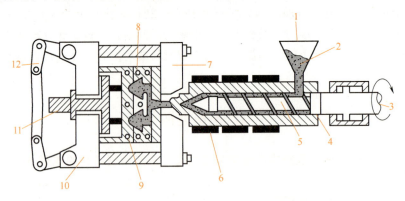

进阶图8-3　注射成形机的模具和喂料机构

1—装料斗　2—注射混合料　3—转轴　4—圆筒　5—螺旋器　6—加热器
7—压块　8—冷却套　9—模具　10—夹具　11—喷射器　12—弓形卡

（4）粉末锻造　粉末锻造通常是将烧结的预成形坯加热后在闭式模内锻造成零件，是将传统的粉末冶金和精密模锻结合起来的一种新工艺。它兼有粉末冶金和精密模锻的优点，可以制取相对密度在98%以上的粉末锻件，克服了普通粉末冶金零件密度小的缺点；可获得较均匀的细小晶粒组织，并可显著提高强度和韧性。进阶图8-4所示为粉末锻造变形过程。

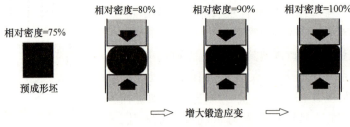

进阶图8-4　粉末锻造变形过程

2. 硬质合金材料是由什么样的粉末制成的？它有哪些特点？

解析：硬质合金由坚硬的难熔金属碳化物颗粒和铁族黏结相两相组成。硬质合金主要用于金属切削加工刀具和钻探工具。普通的硬质合金可视为碳化钨（WC）与黏结相（钴）的混合物，如质量分数为90%的碳化钨和10%的钴。碳化钨是一种由钨和碳组成的化合物，是一种硬度极高的物质，与金刚石相近。根据需要，调节黏结相含量和碳化钨颗粒大小，可相应调节合金的强度或硬度。一般来说，随着硬质成分含量的增加，材料的耐磨性增强，但其含量增加到一定程度以后，抗冲击能力下

进阶图8-5　烧结后WC-Co合金的微观结构

降。进阶图 8-5 所示为烧结后 WC-Co 合金的微观结构。

3. 听说粉末冶金已现身于探月工程,我错过了什么消息?

解析:简单介绍一个 Ti-5Al-2.5Sn ELI 氢泵叶轮。它是我国探月工程和未来空间站及登月计划所必需的大推力运载火箭用液氢液氧发动机燃料增压的关键部件。因铸造叶轮有铸造缺陷,高速运转时事故频发,故粉末冶金近净成形技术(基于注射成形技术)成为发展趋势,并已在美欧地区获得应用。在我国,该技术此前为空白,严重制约了我国航天工程的研制进展。中国科学院金属研究所徐磊团队针对粉末叶轮研制任务,攻克了多项关键技术。

2016 年 11 月 3 日,随着"长征五号"的完美首飞,金属研究所提供的叶轮产品成为我国首件通过火箭发动机飞行考核的钛合金粉末冶金转动件,标志着我国全面突破了粉末冶金氢泵叶轮的关键技术。该技术还将用于后续空间站和登月计划所需的更大推力发动机,应用前景广阔。

模块2 进阶

任务9 进阶

1. 非合金钢、低合金钢和合金钢是按照化学成分分类的,其合金元素含量界限值如何?

解析:具体合金元素含量界限值见进阶表9-1。

进阶表9-1 非合金钢、低合金钢和合金钢合金元素规定含量界限值 (GB/T 13304.1—2008)

合金元素	合金元素规定含量界限值(质量分数,%)		
	非合金钢	低合金钢	合金钢
Al	<0.10	—	≥0.10
B	<0.0005	—	≥0.0005
Bi	<0.10	—	≥0.10
Cr	<0.30	0.30~<0.50	≥0.50
Co	<0.10	—	≥0.10
Cu	<0.10	0.10~<0.50	≥0.50
Mn	<1.00	1.00~<1.40	≥1.40
Mo	<0.05	0.05~<0.10	≥0.10
Ni	<0.30	0.30~<0.50	≥0.50
Nb	<0.02	0.02~<0.06	≥0.06
Pb	<0.40	—	≥0.40
Se	<0.10	—	≥0.10
Si	<0.50	0.50~<0.90	≥0.90
Te	<0.10	—	≥0.10
Ti	<0.05	0.05~<0.13	≥0.13
W	<0.10	—	≥0.10
V	<0.04	0.04~<0.12	≥0.12
Zr	<0.05	0.05~<0.12	≥0.12
La系(每一种元素)	<0.02	0.02~<0.05	≥0.05
其他规定元素(S、P、C、N除外)	<0.05	—	≥0.05

因为海关关税的目的而区分非合金钢、低合金钢和合金钢时,除非合同或订单中另有协议,表中Bi、Pb、Se、Te、La系和其他规定元素(S、P、C和N除外)的规定界限值可不予考虑

注:1. La系元素含量,也可作为混合稀土含量总量。
　　2. 表中"—"表示不规定,不作为划分依据。

2. 经常听人们说高碳钢、低碳钢，含碳量到底多少才算是高碳呢？

解析：钢按照碳的质量分数的高低分为低碳钢（碳的质量分数≤0.25%）、中碳钢（碳的质量分数为0.25%~0.6%）和高碳钢（碳的质量分数>0.6%）。有的牌号可以直接看出材料中碳的质量分数，如优质碳素结构钢，用两位数字表示钢中平均碳的质量分数的万分数，60钢中碳的质量分数就是0.60%。

3. 关于钢中元素：

1) 钢中除铁和碳以外的其他元素的来源是什么？

解析：杂质元素（进阶图9-1）是残留下来的。由于冶炼时所用原材料及冶炼方法和工艺操作等的影响，钢中总不免有少量的其他元素存在，这些元素一般作为杂质或残余元素看待。合金元素（进阶图9-1）是有意加入的。为了提高钢的性能或得到某种特殊的性能，有目的地加入钢中的元素，称为合金元素。

进阶图9-1　钢中的其他元素

2) 杂质元素和合金元素看起来肩负不同的使命，它们对钢的性能有什么影响？

解析：如果说使命的话，合金元素倒是名副其实，而杂质元素则不是带着使命留在钢中的。

杂质元素的影响如下：

锰脱氧能力较好，能清除钢中的FeO，降低钢的脆性。锰和硫化合成MnS，可以减轻硫的有害作用，改善钢的热加工性能。锰对钢起强化作用，对钢的性能有良好的影响，是一种有益元素。

硅的脱氧能力比锰强，可以有效去除FeO，改善钢的品质。硅的存在也会使钢的强度有所提高，也是一种有益元素。

硫在钢中是有害杂质。硫在钢中主要以FeS形式存在，FeS与Fe形成低熔点的共晶体，熔点为985℃，低于钢材热加工的开始温度（1150~1250℃）。因此，在热加工时，分布在晶界上的共晶体处于熔化状态而导致钢开裂，这种现象称为热脆。

磷的存在使钢的强度、硬度显著增加，但同时形成脆性很大的化合物，使室温下钢的塑性、韧性急剧下降，脆性转化温度升高，这种现象称为冷脆。磷是一种有害元素。

钢中还有一些气体元素。**氧**对钢的力学性能不利，使强度、塑性降低；**氮**的存在使钢的硬度、强度提高而塑性下降、脆性增大；钢中的**氢**能造成氢脆、白点等缺陷，它们均是有害杂质。

合金元素的影响如下：

合金元素在钢中含量各不相同，例如，结构钢中B的质量分数为0.0005%~0.0035%，V在钢中的质量分数为0.1%~5%，Cr在钢中的质量分数可以达到30%。根据添加元素的不同，并采取适当的加工工艺，可获得高强度、高韧性、耐磨、耐腐蚀、耐低温、耐高温、无磁性等特殊性能。

4. 普通质量非合金钢、优质非合金钢和特殊质量非合金钢是什么意思？

解析：

普通质量非合金钢是指生产过程中不规定需要特别控制质量要求的钢。

优质非合金钢是指普通质量非合金钢和特殊质量非合金钢以外的所有钢种。在生产过程中需要特别控制质量（如控制晶粒度，降低硫、磷含量，改善表面质量或增加工艺控制）以达到比普通质量非合金钢特殊的质量要求（如良好的抗脆断性能和良好的冷成形性等），但这种钢的生产质量控制不如特殊质量非合金钢严格（如不控制淬透性）。

特殊质量非合金钢是指在生产过程中需要特别严格控制质量和性能（如控制淬透性和纯洁度）的非合金钢。

5. 以"Q"开头的钢都是普通钢吗？专用结构钢是普通钢还是优质钢？

解析：以"Q"开头的一部分是普通碳素结构钢，还有一部分是低合金高强度结构钢（优质钢）。专用结构钢是优质钢。专用结构钢前缀见进阶表9-2。

进阶表9-2 专用结构钢前缀（GB/T 221—2008）

成品名称	采用的汉字及汉语拼音或英文单词			采用字母	位置
	汉字	汉语拼音	英文单词		
热轧光圆钢筋	热轧光圆钢筋	—	Hot Rolled Plain Bars	HPB	牌号头
热轧带肋钢筋	热轧带肋钢筋	—	Hot Rolled Ribbed Bars	HRB	牌号头
细晶粒热轧带肋钢筋	热轧带肋钢筋+细	—	Hot Rolled Ribbed Bars+Fine	HRBF	牌号头
冷轧带肋钢筋	冷轧带肋钢筋	—	Cold Rolled Ribbed Bars	CRB	牌号头
预应力混凝土用螺纹钢筋	预应力、螺纹、钢筋	—	Prestressing, Screw, Bars	PSB	牌号头
焊接气瓶用钢	焊瓶	HAN PING	—	HP	牌号头
管线用钢	管线	—	Line	L	牌号头
船用锚链钢	船锚	CHUAN MAO	—	CM	牌号头
煤机用钢	煤	MEI	—	M	牌号头

任务10 进阶

1. 钢还有哪些分类呢？

解析：钢的其他分类如进阶图10-1所示。

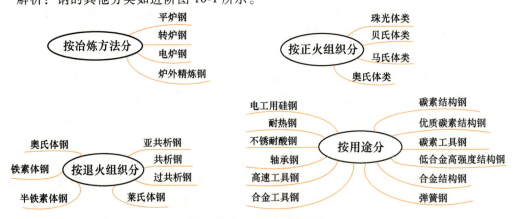

进阶图10-1 钢的其他分类

2. 已经见识到了许多钢的牌号，其表示方法各有特点，都需要记住吗？

解析：不需要死记硬背。只要了解编号的原则和方法，便于实际需要时快速熟悉和理解就可以了。

编号原则是：简短醒目，便于书写、打印和识别，不易混淆，又能表示其主要成分、用途以及其主要性能和相应的状态，同时满足一切要求。何其艰难！

为了适应钢铁产品的发展，满足国际交流和贸易的需要，GB/T 221—2008 与修订前的标准比较，内容有了适当的修改。钢铁牌号通常采用大写汉语拼音字母、化学元素符号和阿拉伯数字结合的方法表示，也可采用大写英文字母或国际惯例表示符号。

1）采用汉语拼音字母或英文字母表示产品名称、用途、特性和工艺方法时，一般从产品名称中选取有代表性的汉字的汉语拼音的首位字母或英文单词的首位字母；当和另一产品所取字母重复时，改取第二个字母或第三个字母，或同时选取两个（或多个）汉字或英文单词的首位字母，见进阶表9-2和进阶表10-1。

2）采用汉语拼音字母或英文字母，原则上只取一个，一般不超过三个。

3）产品牌号中各组成部分的表示方法应符合相应规定，各部分按顺序排列，如无必要可省略相应部分。除有特殊规定外，字母、符号及数字之间应无间隙。

4）产品牌号中的元素含量用质量分数表示。

进阶表10-1　产品用途、特性、工艺方法表示符号（GB/T 221—2008）

产品名称	采用的汉字及汉语拼音或英文单词			采用字母	位置
	汉字	汉语拼音	英文单词		
锅炉和压力容器用钢	容	RONG	—	R	牌号尾
锅炉用钢（管）	锅	GUO	—	G	牌号尾
低温压力容器用钢	低容	DI RONG	—	DR	牌号尾
桥梁用钢	桥	QIAO	—	Q	牌号尾
耐候钢	耐候	NAI HOU	—	NH	牌号尾
高耐候钢	高耐候	GAO NAI HOU	—	GNH	牌号尾
汽车大梁用钢	梁	LIANG	—	L	牌号尾
高性能建筑结构用钢	高建	GAO JIAN	—	GJ	牌号尾
低焊接裂纹敏感性钢	低焊接裂纹敏感性	—	Crack Free	CF	牌号尾
保证淬透性钢	淬透性	—	Hardenability	H	牌号尾
矿用钢	矿	KUANG	—	K	牌号尾
船用钢	采用国际符号				

3. 低合金钢产品中质量等级有 B、C、D、E、F，各表示什么？是表示有害元素依次减少吗？

解析：有害元素含量越少，质量等级越高，但质量等级主要和性能有关。B级要求是热处理后进行常温冲击试验，C级是0℃冲击试验，D级是-20℃冲击试验，E级是-40℃冲击试验，F级是-60℃冲击试验。

任务11 进阶

1. 你家的"铁锅"可能是钢做的，你相信吗？

解析：说到炒菜用的铁锅，人们一般会想到，这锅是铁做的。殊不知这铁有讲究，到底是什么铁呢？铁分很多种，即纯铁、生铁、铸铁，还有经常听到的熟铁。我们不妨一一看来。

纯铁有原料纯铁和电磁纯铁。原料纯铁中碳的质量分数不大于0.01%。电磁纯铁不以成分作为主要交货条件，主要参考磁感应强度和矫顽力值。

生铁是碳的质量分数超过2%，并且其他元素的含量不超过国家标准规定极限值的铁碳合金。生铁按照化学成分可分为炼钢生铁和铸造生铁。生铁在熔融条件下可进一步处理成钢或者铸铁。

铸铁是用铸造生铁为原料，在重熔后直接浇注成铸件，铸铁是碳的质量分数大于2%的铁碳合金。

熟铁是沿用古代的叫法，并不是专业术语。关于熟铁的说法也比较多，对含碳量的界定，并没有国家标准。现代意义上的熟铁，一般是指用生铁精炼而成的，碳的质量分数小于0.0218%的工业纯铁，质地很软，塑性好，延展性好，可以拉成丝，强度和硬度均较低，容易锻造和焊接。也有说法认为熟铁是碳的质量分数约在0.2%以下的低碳钢。

在没有温度计，没有金相显微技术，甚至没有"含碳量"这个概念的古代，人们所说的"熟铁"其实是个范围很广的概念。从现代意义上的熟铁到可锻铸铁、低碳钢、中碳钢、甚至高碳钢都有可能被包含到"熟铁"这个概念中来。因为在古人心里，"钢"是神圣的，只有杂质少、硬度高的一小部分钢材才会被古人冠以"钢"的称号，用到刀刃上，其他的全都是"铁"。

所以，如果你家买到的是熟铁锅，那实际上就是钢锅，而不是铁锅。

2. 以化学成分表示的铸钢牌号是什么样的？

解析：以化学成分表示铸钢牌号时，结构形式示例如进阶图11-1所示。

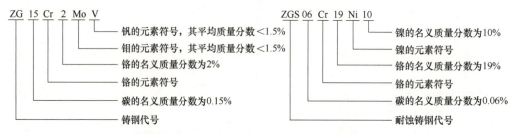

进阶图11-1　以化学成分表示的铸钢牌号示例

牌号中"ZG"后面的大写汉语拼音正体字母代表铸钢特殊性能。"H"表示焊接结构用铸钢，"R"表示耐热铸钢，"S"表示耐蚀铸钢，"M"表示耐磨铸钢。

牌号中"ZG"后面以一组（两位或三位）阿拉伯数字表示铸钢中碳的名义质量分数（以万分之几计）。平均碳的质量分数<0.1%的铸钢，其第一位数字为"0"，牌号中名义碳的质量分数用上限表示；碳的质量分数≥0.1%的铸钢，牌号中碳的名义质量分数用平均碳的质量分数表示。

碳的名义质量分数后面排列各主要合金元素符号，元素符号后面的阿拉伯数字表示合金元素的名义质量分数（以百分之几计）。合金元素平均质量分数<1.50%时，牌号中只标明元素符号，一般不标明质量分数；合金元素平均质量分数为1.50%~2.49%、2.50%~3.49%、3.50%~4.49%、4.50%~5.49%等时，在合金元素符号后面标注2、3、4、5等。

当主要合金元素多于三种时，可以在牌号中只标明前两种或前三种元素的名义质量分数值；各元素符号按它们的平均质量分数的递减顺序排列，若两种或多种元素的平均质量分数相同，则按元素符号的英文字母顺序排列。

任务 12 进阶

1. 高温合金中到底有哪些元素？含量是多少呢？

解析：进阶表 12-1 列出了变形高温合金的部分牌号及化学成分，从中可以看出合金中重要元素的含量。表格数据出自 GB/T 14992—2005，如要获取更多信息，请查阅该标准。

进阶表 12-1 变形高温合金的部分牌号及化学成分

铁或铁镍(镍小于50%)为主要元素的变形高温合金化学成分(质量分数,%)									
新牌号	原牌号	C	Cr	Ni	W	Mo	Al	Ti	Fe	Nb
GH1015	GH15	≤0.08	19.00~22.00	34.00~39.00	4.80~5.80	2.50~3.20	—	—	余	1.10~1.60
GH1140	GH140	0.06~0.12	20.00~23.00	35.00~40.00	1.40~1.80	2.00~2.50	0.20~0.60	0.70~1.20	余	
GH2036	GH36	0.34~0.40	11.50~13.50	7.00~9.00	—	1.10~1.40	—	≤0.12	余	0.25~0.50
GH2132	GH132	≤0.08	13.50~16.00	24.00~27.00	—	1.00~1.50	≤0.40	1.75~2.35	余	

新牌号	原牌号	Mg	V	B	Ce	Si	Mn	P	S	Cu
								不大于		
GH1015	GH15	—	—	≤0.010	≤0.050	≤0.60	≤1.50	0.020	0.015	0.250
GH1140	GH140	—	—		≤0.050	≤0.80	≤0.70	0.025	0.015	
GH2036	GH36		1.250~1.550			0.30~0.80	7.50~9.50		0.030	
GH2132	GH132		0.100~0.500	0.001~0.010		≤1.00	1.00~2.00	0.030	0.020	

镍为主要元素的变形高温合金化学成分(质量分数,%)										
新牌号	原牌号	C	Cr	Ni	Co	W	Mo	Al	Ti	Fe	Nb
GH3007	GH5K	≤0.12	20.00~35.00	余	—	—	—	—	—	≤0.08	
GH3170	GH170	≤0.06	18.00~22.00	余	15.00~22.00	17.00~12.00	—	≤0.50			
GH4033	GH33	≤0.13	18.00~21.00	余	15.00~21.00	—	—	1.00~2.00	2.00~3.00	≤1.00	

新牌号	原牌号	La	B	Zr	Ce	Si	Mn	P	S	Cu
							不大于			
GH3007	GH5K	—	—	—	—	1.00	0.50	0.040	0.040	0.500~2.000
GH3170	GH170	0.100	≤0.005	0.100~0.200	—	0.80	0.50	0.013	0.013	—

新牌号	原牌号	Mg	V	B	Zr	Ce	Si	Mn	P	S	Cu
								不大于			
GH4033	GH33			≤0.010		≤0.020	0.65	0.40	0.015	0.007	

（续）

钴为主要元素的变形高温合金化学成分（质量分数，%）											
新牌号	原牌号	C	Cr	Ni	Co	W	Mo	Al	Ti	Fe	Nb
GH5188	GH188	0.05~0.15	20.00~24.00	20.00~24.00	余	13.00~16.00	—	—	—	≤3.00	—
GH5605	GH605	0.05~0.15	19.00~21.00	9.00~11.00	余	14.00~16.00	—	—	—	≤3.00	—
GH5941	GH941	≤0.10	19.00~23.00	19.00~23.00	余	17.00~19.00	—	—	—	≤1.50	—

新牌号	原牌号	La	B	Si	Mn	P	S	Cu
						不大于		
GH5188	GH188	0.039~0.120	≤0.015	0.20~0.50	≤1.25	0.020	0.015	0.070
GH5605	GH605	—	—	≤0.40	1.00~2.00	0.040	0.030	—
GH5941	GH941	—	—	≤0.50	≤1.50	0.020	0.015	0.500

2. 以前听说过超硬铝合金，在牌号中怎么没见到呢？

解析：确实有超硬铝合金，不过那是原牌号中的表示。根据性能与用途，变形铝合金原牌号采用汉语拼音字母加顺序号表示，有防锈铝合金、硬铝合金、超硬铝合金、锻铝合金，其牌号分别为"LF（防锈）""LY（硬铝）""LC（超硬）""LD（锻铝）"。变形铝合金的新旧牌号对照见进阶表 12-2。

进阶表 12-2　变形铝合金的新旧牌号对照

原牌号	新牌号	原牌号	新牌号	原牌号	新牌号
LF21	3A21	LY10	2A10	LD2	6A02
LF2	5A02	LY11	2A11	LD5	2A50
LF3	5A03	LY12	2A12	LD6	2B50
LF6	5A06	LY16	2A16	LD7	2A70
LY1	2A01	LC3	7A03	LD8	2A80
LY2	2A02	LC4	7A04	LD9	2A90
LY6	2A06	LC9	7A09	LD10	2A14

3. 在建材市场上能看到许多铝合金型材，那机械零件用的铝合金有哪些呢？有什么应用呢？

解析：铝合金材料有很多，这里列出部分牌号，见进阶表 12-3。若想获得更多的信息，可以查阅 GB/T 1173—2013、GB/T 3190—2020。

进阶表 12-3　常见的铸造铝合金牌号及用途

类别	牌号	代号	用途
铝硅合金	ZAlSi7Mg	ZL101	形状复杂的零件，如飞机仪器零件、抽水机壳体
	ZAlSi9Mg	ZL104	工作温度为 200℃ 以下、形状复杂的零件，如电动机壳体
	ZAlSi5Cu1Mg	ZL105	250℃ 以下承受中等载荷的零件，如中小型发动机气缸头

(续)

类别	牌号	代号	用途
铝铜合金	ZAlCu5Mn	ZL201	工作温度在175～300℃的零件,如内燃机气缸头、活塞
	ZAlCu4	ZL203	工作温度不超过200℃且切削加工性好的小零件
铝镁合金	ZAlMg10	ZL301	在大气或海水中工作,承受冲击载荷、外形不太复杂的零件,如舰船配件、氨用泵体
铝锌合金	ZAlZn11Si7	ZL401	压力铸造零件,工作温度不超过200℃、结构形状复杂的汽车、飞机零件

任务13 进阶

1. 提到高分子材料就会提到相对分子质量,这个"相对"是指相对什么而言的?

解析:分子级的质量很小,难以用"克"等单位来衡量,所以重新定义了一个单位,就是相对分子质量。相对分子质量是将化学式中所有原子的相对原子质量相加,求出总和。那相对原子质量又是什么呢?以一个碳-12原子质量的1/12作为标准,任何一个原子的真实质量跟一个碳-12原子质量的1/12的比值,就是该原子的相对原子质量。很显然,一个碳-12原子的相对原子质量就是12。

如大家熟知的,常用相对原子质量,氢为1、氧为16、铝为27、铁为56、硫为32,即该原子的质子数加中子数。

2. 高分子和聚合物是一回事吗?

解析:严格来讲,高分子与聚合物的概念并不等同。高分子有时专指一个大分子,而聚合物则是许多大分子的聚集体,但通常这两个词是相互混用的。

高分子是由小分子通过一定的化学反应生成的。由小分子生成高分子的反应过程称为聚合反应。用于合成高分子的低分子原料称为单体。

将大分子链上化学组成和结构均可重复的最小单位称为重复结构单元,这是构成大分子链的最小重复结构,简称为重复单元。由一个单体分子通过聚合反应而进入聚合物重复单元的那一部分,称为结构单元。与单体的化学组成完全相同,只是化学结构不同的结构单元,称为单体单元。对于由一种单体聚合形成的聚合物,其重复结构单元也就是结构单元,但对于由两种或两种以上单体聚合形成的聚合物,其重复结构单元就不等于结构单元了。

进阶图13-1所示为聚氯乙烯和尼龙-66的结构式,聚氯乙烯的结构单元就是重复单元,

$$-CH_2-CH-[CH_2-CH]_n-CH_2-CH- \atop | \quad\quad | \quad\quad\quad\quad | \atop Cl \quad\quad Cl \quad\quad\quad\quad Cl$$

结构单元
重复单元
a)

$$-NH-(CH_2)_6-NH-[C-(CH_2)_4-C-NH-(CH_2)_6-NH-]_n C-(CH_2)_4-C- \atop \|\quad\quad\quad\quad\|\quad\quad\quad\quad\quad\quad\quad\quad\quad\|\quad\quad\quad\quad\| \atop O \quad\quad\quad\quad O \quad\quad\quad\quad\quad\quad\quad\quad\quad O \quad\quad\quad\quad O$$

结构单元　结构单元
重复单元
b)

进阶图13-1 聚氯乙烯和尼龙-66的结构式
a) 聚氯乙烯　b) 尼龙-66

即单体单元，而尼龙-66是由两种单体合成的高分子缩聚物，其重复单元由两种结构单元组成，此高分子没有单体单元，这是由于合成过程中消除小分子水而失去了一些原子，所以这种结构单元不宜再称为单体单元。

任务14 进阶

1. 复合材料最早是从什么时候开始出现的？

解析：自然界本身存在着许多天然的复合材料。例如，树木和竹子是纤维素和木质素的复合体，动物骨骼则由无机磷酸盐和蛋白质胶原复合而成。人类制作复合材料的历史较长，很多实例散见于现存的历史遗迹中。6000多年前，我国陕西半坡人就懂得将草梗和泥筑墙；我国世界闻名的传统工艺——漆器，至今已有4000多年的历史，其制胎工艺就用到了麻纤维和土漆的复合材料。

2. 复合材料的发展情况如何呢？目前最厉害的复合材料有哪些？

解析：复合材料的发展经历了80多年的历史，可追溯到1942年。第二次世界大战中，玻璃纤维增强聚酯树脂复合材料被美国空军用于制造飞机构件。

（1）复合材料发展的第一阶段　材料科学家们认为，就世界范围而论，1940—1960年为玻璃纤维增强塑料（俗称玻璃钢）时代。这种复合材料中玻璃纤维的用量为30%～60%，所用基体材料主要有不饱和聚酯树脂、环氧树脂和酚醛树脂。玻璃钢的比强度（抗拉强度/密度）比钢还要高，而且耐蚀性好。

（2）复合材料发展的第二阶段　1960—1980年是先进复合材料的发展时期。1960—1965年，英国研制出碳纤维。1971年，美国杜邦公司开发出kevlar-49。1975年，先进复合材料"碳纤维增强环氧树脂复合材料及kevlar纤维增强环氧树脂复合材料"已用于制造飞机、火箭的主承力件，同期还开发了硼纤维和芳纶纤维。碳纤维、硼纤维和芳纶纤维均具有比玻璃纤维高得多的弹性模量和更低的密度，被称为高级纤维。此外，用这三种纤维增强的塑料基复合材料的最高使用温度长期可达150℃以上，它们兼具高比刚度和高比强度特性。

（3）复合材料发展的第三阶段　1980—1990年是纤维增强金属基、陶瓷基复合材料的时代。用金属（铝、镁、钛、金属间化合物）做基体的复合材料，使用温度范围为175～900℃；用陶瓷（碳化硅、氮化硅、碳等）做基体的复合材料，使用温度范围为1000～2000℃。此阶段除开发了耐热性能高的氧化铝纤维和碳化硅纤维之外，还开发了各种晶须（如氧化铝晶须和碳化硅晶须），使现代复合材料的性能向耐热、高韧性和多功能方向发展。

（4）复合材料发展的第四阶段　1990年以后为复合材料发展的第四阶段，出现了多功能复合材料，如功能梯度复合材料、机敏复合材料和智能复合材料等。

1）功能梯度复合材料是以先进的材料设计为依据，采用先进的材料复合技术，通过控制构成材料的要素（组成和结构等）由一侧向另一侧呈连续梯度变化，使其内部界面消失，从而获得材料的性质和功能相应于组成和结构的变化而呈现梯度变化的非均质材料。由于这种材料的性能在空间位置的梯度分布规律与材料使用中环境条件对材料性能的要求相适应，因此由它所制成的器件或结构具有最优的环境匹配性，所以它也被称为最先进的复合材料。

2）机敏复合材料是现代复合材料发展的最新成果。机敏复合材料能感知环境变化，并通过改变自身一个或多个性能参数对环境变化及时做出响应，使之与变化后的环境相适应，其一般也称为机敏材料或机敏结构。机敏复合材料具有自诊断、自适应和自愈合功能，因此它必然是验知材料和执行材料的复合。例如，具有自诊断功能的机敏复合材料是把光导纤维与增强材料一同与基体上复合，每根光导纤维均接于独立的光源和检测系统。当复合材料的某点处发生应力集中或破坏时，该处的光导纤维即发生相应的应变或断裂，从而可诊断出该处的状态。例如，能对振动产生自适应阻尼的机敏复合材料是由压电材料和形状记忆材料与高聚物复合在一起的。当压电材料感知振动时，信号启动外接电路，形状记忆合金产生形变，从而改变复合材料的固有振动模态而减振。机敏复合材料已用于主动检测振动与噪声，主动探测复合材料构件的损伤，根据环境变化主动改变构件几何尺寸等，也可用于控制树脂基复合材料自身的固化过程。

3）智能复合材料是机敏复合材料的高级形式，机敏复合材料对环境能做出线性反应，而智能复合材料则能根据环境条件的变化程度非线性地使材料与之适应，以达到最佳效果。也就是说，其在机敏复合材料自诊断、自适应和自愈合功能的基础上，增加了自决策、自修补的功能，体现了智能的高级形式。已在研究的智能复合材料和系统有自诊断断裂的飞机机翼、自愈合裂纹的混凝土、控制湍流和噪声的机械蒙皮、人工肌肉和皮肤等。智能复合材料在航空、航天、舰艇、汽车、建筑、机器人、仿生和医药领域已显示出潜在的应用前景。随着复合工艺集成化和微细加工技术的发展，将会有更多实用的智能复合材料出现。

（5）复合材料发展的第五阶段　21世纪以来，进入纳米复合材料的大量研究和广泛应用阶段。纳米复合材料是以树脂橡胶、陶瓷和金属等基体为连续相，以纳米尺寸的金属、半导体、刚性粒子和其他无机粒子、纤维、纳米碳管等改性剂为分散相，通过适当的制备方法，将改性剂均匀地分散到基体材料中，形成一种含有纳米尺寸材料的复合体系，这一体系材料称为纳米复合材料。分散相的纳米小尺寸效应、大的比表面积、强界面结合效应和客观量子隧道效应等特性，使纳米复合材料具有一般工程材料所不具备的优异性能。

纳米复合材料是一种全新的高新技术材料，具有极其广阔的应用前景和巨大的商业开发价值，也是21世纪最富有发展前景的新材料之一。特别是树脂基和橡胶基纳米复合材料，已从实验室走进实践领域，也是目前可以实现的纳米材料技术之一，各国都高度的重视。

3. 为什么复合材料减摩、耐磨、自润滑性好？

解析： 许多高分子材料的分子链间由范德华力或氢键相连，相互作用力较弱，容易产生相对运动，因此高分子材料大都具有极小的摩擦系数且静摩擦系数远小于或相当于动摩擦系数，自润滑性能好。采用填充改性剂对工程塑料基材进行增强、复合，可以有效地改善工程塑料的减摩、耐磨性能。在热塑性塑料中掺入少量短切碳纤维可提高其耐磨性，其增加耐磨性的倍数为聚氯乙烯本身耐磨性的3.8倍，聚四氟乙烯本身耐磨性的3倍，聚丙乙烯本身耐磨性的2.5倍，聚酰胺本身耐磨性的1.2倍，聚酯本身耐磨性的2倍。

由于常规微米级颗粒脱落滞留在摩擦界面后容易造成严重的磨料磨损，采用纳米发散技术，可保证纳米粒子作用的发挥阻止高分子材料层状脱黏磨损。此外，在材料表面磨损时脱落的纳米填料因具有很强的表面活性，而易与对偶面结合形成细密的薄层，这些因素均有利于减缓复合材料的磨损。

任务15 进阶

1. 火花鉴别法只能粗略判断材料的种类，怎样才能知道某种材料的组成元素及含量呢？

解析：应用化学成分分析法。它是一种查明金属材料化学成分的试验方法。鉴定金属由哪些元素所组成的试验方法称为定性分析。测定各组分间量的关系（通常以百分比表示）的试验方法称为定量分析。化学分析法是根据各种元素及其化合物的独特化学性质，利用化学反应对金属材料进行定性或定量分析。定量分析时，将一定量的待测试样与试剂发生化学反应，看消耗的试剂的量或称量反应物的量，来计算试样中某种成分的占比。经过对钢中主要的合金元素（如C、Ni、Mo、Cr、Mn等）含量的测定，再对照国家标准，可判定该试样属于哪一种材料。

2. 听说过光谱分析法，它的基本原理是什么？

解析：根据物质的光谱来鉴别物质及确定它的化学组成与相对含量的方法称为光谱分析法。它的优点是灵敏、迅速。根据分析原理，光谱分析法可分为发射光谱分析法与吸收光谱分析法两种。发射光谱分析法就是根据被测原子或分子在激发状态下发射的特征光谱的强度计算其含量。吸收光谱分析法就是根据待测元素的特征光谱，通过样品蒸气中待测元素的基态原子吸收被测元素的光谱后被减弱的强度计算其含量。对于激发状态、基态等概念，不了解的同学可以自学一下激光的基本原理。

3. 钢铁中的含碳量是如何精确测定的？

解析：这里介绍GB/T 20123—2006标准中的方法，是一种光谱分析法。该光谱分析法是一种红外光谱法，其基本原理是将一束不同波长的红外射线照射到物质的分子上，某些特定波长的红外射线被吸收，形成这一分子的红外吸收光谱。每种分子都有由其组成与结构决定的独有的红外吸收光谱，据此可以对分子进行结构分析与鉴定。该标准中，钢铁中含碳量的测定原理是：在氧气流中燃烧试样，将碳转化成CO或CO_2，利用氧气流中CO或CO_2的红外吸收光谱进行测量。这里介绍标准中红外吸收法测碳的方法C：使用高频感应炉在封闭回路中对试样进行加热燃烧，在同一红外池中测CO和CO_2，每一种气体分别用一个固态能量检测器来测量，红外光被滤光片过滤后，只有某一特定波长的能量到达各自检测器。没有CO和CO_2时，每个检测池得到的是最大能量。燃烧中，CO和CO_2的红外吸收特性造成能量损失。闭环系统中能量损失与每种气体的浓度成比例。在一个周期内，总碳以CO和CO_2之和的方式被检测处理，其运行模式如进阶图15-1所示。

4. 确定了材料的牌号后，为何很多情况下还要做金相检验？

解析：我们知道，同样一种材料，采用不同的制造方法（如铸造、锻造等）、采用不同的热处理措施、材料内部存在缺陷等不同时，获得的材料的内部组织是不一样的，这种不一样在宏观上也反映到力学性能上。通过做金相检验，可以完成组织的识别和评定，既有定性也有定量的检测。金相检验的内容主要有：①材料基体相的组织结构及其缺陷；②显微组织的取向和状态的非均匀性，如带状、分布不均、晶粒度等；③第二相的类型、结构、组成、数量、形态、尺寸和分布。钢的组织与性能的关系将在任务18中详细进行讲述。进阶图15-2所示为T12钢的球化退火组织。进阶图15-3所示为金相显微镜。

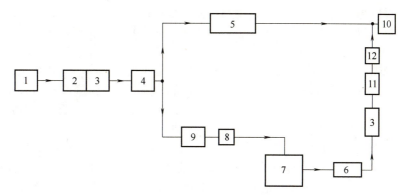

进阶图 15-1　红外吸收法测碳含量示意图

1—氧气瓶　2—氢氧化钠饱和黏土　3—过氯酸镁　4—压力调节器　5—CO_2 IR 池/读出　6—灰尘捕集器
7—感应炉　8—泵　9—流量计　10—废气物　11—CO 和 CO_2 转换器　12—SO_2 捕集器

进阶图 15-2　T12 钢的球化退火组织

进阶图 15-3　金相显微镜

任务 16 进阶

1. 超硬刀具材料有哪些？有何特点？

解析：有两种类型的超硬刀具材料：金刚石和立方氮化硼。

（1）金刚石刀具　作为碳的同素异形体之一，金刚石是自然界已经发现的最硬的一种材料。金刚石刀具具有高硬度、高耐磨性和高导热性，在非铁金属和非金属材料加工中得到了广泛的应用。金刚石刀具的不足之处是热稳定性较差，切削温度超过 700℃时，就会完全失去其硬度；此外，它不适用于切削钢铁材料，因为金刚石（碳）在高温下容易与铁原子作用，使碳原子转化为石墨结构，刀具极易损坏。金刚石刀具可分为天然单晶金刚石刀具（进阶图 16-1）和人造聚晶金刚石刀具。

1）天然单晶金刚石刀具。天然单晶金刚石刀具经过精细研磨，刃口能磨得极其锋利，刃口半径可达 0.002μm，能实

进阶图 16-1　天然单晶金刚石刀具

现超薄切削，可以加工出极高的工件精度和极低的表面粗糙度值，是公认的、理想的和不能代替的超精密加工刀具，主要用于非铁金属及非金属的精密与超精密加工。

2）人造聚晶金刚石（PCD）刀具。

通过合金触媒的作用，在高温高压下把石墨转化成人造金刚石，再将人造金刚石微晶在高温高压下烧结，可制成所需形状尺寸的人造聚晶金刚石刀头，镶嵌在刀杆上使用。PCD刀具无法磨出极其锋利的刃口，加工的工件表面质量也不如天然金刚石，一般用于非铁金属和非金属的精加工，但还达不到超精密镜面切削效果。

（2）立方氮化硼（CBN）刀具 立方氮化硼是人工合成的一种超硬材料，其硬度略次于金刚石。CBN的突出优点是热硬性比金刚石高得多，在1200℃以上可保持高硬度；另一个突出优点是化学惰性大，与铁元素在1200~1300℃下也不起化学反应。因此，立方氮化硼刀具适用于精加工各种淬火钢、铸铁、高温合金、硬质合金、表面喷涂材料等难切削材料。但是，立方氮化硼韧性和抗弯强度较差，抗弯强度与断裂韧度介于陶瓷与硬质合金之间。因此，立方氮化硼刀具不宜用于低速、冲击载荷大的粗加工；同时不适合切削塑性大的材料（如铝合金、铜合金、镍合金、塑性大的钢等），因为切削这些金属时会产生严重的积屑瘤，而使加工表面恶化。

2. 涂层刀具材料有哪些？有何特点？

解析：涂层刀具是在韧性较好的刀体上涂覆一层或多层耐磨性好的难熔化合物，这层化合物将刀具基体与硬质涂层相结合，减少了刀具与工件间的扩散和化学反应，从而减少了基体的磨损，使刀具性能大大提高。涂层刀具可以提高加工效率和加工精度，延长刀具使用寿命，降低加工成本。

根据涂层刀具基体材料的不同，涂层刀具可分为硬质合金涂层刀具、高速工具钢涂层刀具以及在陶瓷和超硬材料（金刚石和立方氮化硼）上涂层的刀具等。在陶瓷和超硬材料刀具上的涂层是硬度较基体低的材料，目的是为了提高刀具表面的断裂韧度（可提高10%以上），可减少刀具的崩刃及破损，扩大应用范围。在硬质合金和高速工具钢上一般涂覆TiC或TiN涂层。

1）TiC涂层。TiC涂层具有很高的硬度与耐磨性，抗氧化性也好，切削时能产生氧化钛薄膜，减小摩擦系数，减少刀具磨损，切削速度可提高40%左右，适合于精车，但涂层抗弯强度低，易崩裂。

2）TiN涂层。TiN涂层抗月牙洼及后刀面磨损能力比TiC涂层刀具强，抗热振性也较好，适合切削钢与易黏刀的材料。但TiN涂层与基体的结合强度不及TiC涂层，而且涂层厚时易剥落。

3. 航天"妙手"自创刀具，大国重器突破技术瓶颈。

解析：新京报报道了2021年"大国工匠年度人物"之一，来自中国航天科技集团刘湘宾的事迹。刘湘宾带领数控团队加工的惯性导航产品参加了40余次国家防务装备、重点工程、载人航天、探月工程等大型飞行试验任务。他们加工的产品还包括一些长征系列火箭导航产品关键零件、卫星中的重要部件。某航天第三代材料由20%~45%的碳化硅组成，其具有硬度高、黏性大等金属特性，加工这类材料像是在砂轮上磨刀一样，导致加工刀具磨损厉害，而一把进口的加工刀具一般都要好几千元，生产成本高昂。于是，他联合多家研发单位经过74次试验，自创了一套高精度机床加工刀具，经多次反复试刀、改进，终于取得成功，研制出的刀具在加工中比进口刀具寿命高4倍以上，并且成本低、表面加工质量高，大幅降低了生产成本，完全替代了进口产品。现在，他所在团队的轴圆柱度、半球球面度等加工精度在整个西北地区独占鳌头。

模块3 进阶

任务17 进阶

1. 什么是过冷现象？什么是过冷度？

解析：从理论上讲，纯金属的熔化和结晶应在同一温度下进行，这个温度称为理论结晶温度或平衡结晶温度。在此温度下，由液态转变为固态和由固态转变为液态的可能性是一样的，从宏观上看，既不结晶也不熔化，晶体与液体处于动平衡状态。欲使液态金属结晶成固态，必须冷却到理论结晶温度以下某一温度，该温度称为实际结晶温度。在结晶过程中，实际结晶温度总是低于理论结晶温度的现象称为过冷现象。理论结晶温度与实际结晶温度的差值称为过冷度。

2. 匀晶相图是什么？如何分析？

解析：铜和镍在液态和固态均能无限互溶，它们所形成的相图称为匀晶相图，如进阶图7-1所示。图中 A 为纯铜的熔点；B 为纯镍的熔点。相图中仅有两条线，上面为液相线，下方为固相线。这两条线将相图分为三个区域：液相线以上为液相区（L），固相线以下为固相区（α），在液相线与固相线之间为液、固共存的两相区，以 L+α 表示。铜镍合金相图两相区的相变规律与铁碳合金相图是一样的，这里以 w_{Ni} = 45% 的合金为例，分析其结晶过程。当合金从高温缓慢地冷却到与液相线相交的 t_1 温度时，开始从液相 L 中结晶出成分为 1 点处含镍量的合金。随着温度下

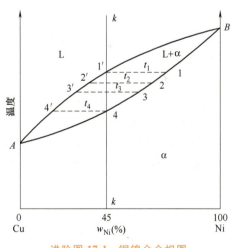

进阶图17-1 铜镍合金相图

降，α 相不断增多，L 相不断减少。结晶成分沿固相线从 1 点移动至 2、3、4 点，液相中的含镍量从 1′点移动至 2′、3′，直至 4′点，液相消失。4 点处固相的含镍量为 45%，此后的冷却进入单相区，不再发生相和成分的变化。

3. 共晶相图是什么？如何分析？

解析：铅和锡在液态时能无限互溶，在固态时有限互溶，且发生共晶反应。铅锡合金相图如进阶图17-2所示。相图中共有三个单相区（L、α、β）、三个双相区（L+α、L+β、α+

β）、一个三相 L+α+β 共存线 MEN。L 为液相；α 为锡溶于铅中的固溶体，最大溶解度为 19%；β 为铅溶于锡中的固溶体，最大溶解度为 2.5%。由铁碳合金相图的知识可知，锡的质量分数低于 19%、高于 97.5% 的铅锡合金进入双相区后逐步结晶，最终完全转化为单相组织 α 或 β，不产生 61.9%（质量分数，下同）锡成分的液相，也就不发生共晶反应，待温度进一步降低至与 MF 线相交时，将从 α 相析出 β 相，与 NG 线相交时，将从 β 相析出 α 相。锡成分高于 19%、低于 61.9% 的铅锡合金进入双相区后逐步结晶，到达 ME 线的交点时获得 19% 锡的 α 相和 61.9% 锡的液相，61.9% 的液相随即发生共晶反应，生成 19% 锡的 α 相和 2.5% 铅的 β 相，随着温度的降低，将从从 α 相析出 β 相，从 β 相析出 α 相。锡成分高于 61.9%、低于 97.5% 的铅锡合金结晶过程类似，只是在到达 EN 线时获得的是 2.5% 铅的 β 相和 61.9% 锡的液相。

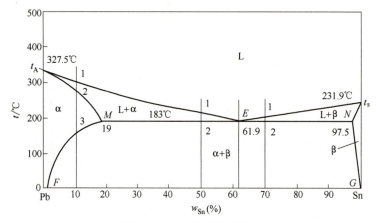

进阶图 17-2　铅锡合金相图

4. 过冷度大了会有什么结果？

解析：金属结晶后，其晶粒大小对金属材料的力学性能有很大的影响。晶粒越细，强度、硬度越高，塑性、韧性也越好。一般来说，过冷度越大，晶粒越细。在金属铸造过程中，液态金属注入砂型时，由于砂型温度较低，外层金属受到剧烈冷却，获得较大的过冷度，在铸件表层形成一层厚度不大、晶粒很细的细晶区。该表层晶粒细小，结构致密，力学性能较好，如果不进行热处理而直接进行机加工，往往会损坏刀具。

任务 18 进阶

1. 奥氏体化过程中奥氏体晶粒度是不是只与加热有关呢？

解析：钢中奥氏体的晶粒大小将直接影响热处理后的组织和性能，粗大的奥氏体晶粒会使钢的力学性能降低，且淬火时工件易变形和开裂，一般都应防止奥氏体晶粒长大。影响奥氏体晶粒度的因素不只是加热，具体如下：

1）加热时间和保温时间。奥氏体刚形成时，晶粒一般是很细小的，但是，奥氏体晶粒越细小，总的晶界面积就越大，系统能量也就越高，晶粒有自发长大的倾向，如果继续加热和延长保温时间，奥氏体晶粒将聚集而长大。所以，加热温度越高，保温时间越长，奥氏体晶粒越粗大。

2）含碳量。奥氏体中的含碳量越高，奥氏体晶粒长大倾向越大。但若以剩余渗碳体形式（即还未溶入奥氏体的渗碳体）出现，则因对晶粒长大产生了机械阻碍作用，反而使得长大倾向减小。因此，一般加热条件下，亚共析钢随含碳量增加，奥氏体晶粒长大倾向增大，过共析钢则相反。

3）合金元素。除锰、磷外，大多数合金元素都不同程度地阻止奥氏体晶粒长大，尤其是能形成稳定碳化物的元素（如钛、钒、铌、锆、钨、钼、铬等）效果更明显。

2. 亚共析钢和过共析钢的等温转变曲线是怎样的？

解析：与共析钢等温转变曲线比较，亚共析钢的等温转变曲线上部多出一条先共析铁素体析出线，如进阶图 18-1a 所示，其表示在过冷奥氏体转变为珠光体之前，将先析出铁素体；过共析钢的等温转变曲线上部多出一条先共析渗碳体析出线，如进阶图 18-1b 所示，其表示在过冷奥氏体转变为珠光体之前，将先析出渗碳体。另外，孕育期有变化：以共析钢为基准，含碳量降低变为亚共析钢时，等温转变曲线将整体向左移动；含碳量升高变为过共析钢时，等温转变曲线也向左移动。也就是说，共析钢的孕育期最长，其过冷奥氏体稳定性最好，其等温转变曲线最靠右。

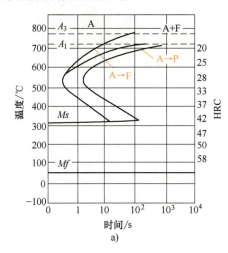 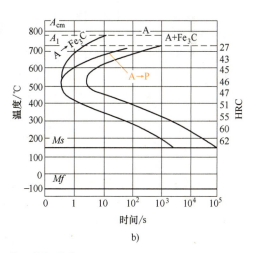

进阶图 18-1　等温转变曲线

a）亚共析钢　b）过共析钢

3. 还有没有其他影响等温转变曲线形状的因素？

解析：有。

（1）合金元素　所有合金元素，除 Co 以外，当其溶入奥氏体后，都会提高其稳定性，使等温转变曲线右移。但当碳化物形成元素含量较多，存在未溶合金元素时，都会使奥氏体变得不稳定，等温转变曲线左移。这也正好解释了 C 元素对等温转变曲线的影响。

（2）加热温度和保温时间　提高加热温度或延长保温时间，奥氏体的成分更均匀，新相形核数量减少，同时促进奥氏体晶粒长大，这些都会增加奥氏体的稳定性。这使得奥氏体转变需要更长的孕育期，表现出来就是等温转变曲线右移。

4. 残留奥氏体是什么？会产生怎样的影响？

解析：马氏体无法做到完全转变，即使冷却至 Mf 点温度，也不可能获得 100% 的马氏体，总有部分未转变的奥氏体保留下来，这部分奥氏体称为残留奥氏体。从铁碳合金相图可以看到，在平衡状态下结晶，是不会获得奥氏体的，奥氏体是只在727℃以上存在的高温组织，但是在马氏体转变之后还能获得在常温下能够存在的奥氏体，这是什么原因呢？前面讲过，马氏体转变过程伴随着体积的膨胀，先生成的马氏体对未转变的奥氏体有很强的挤压作用，随着马氏体越来越多，这种挤压也就越来越强，到最后就直接使奥氏体无法再转变。就像在一个容器里泡发干黄豆，先发胀了的豆子会对未发胀的豆子产生很强的挤压力，随着膨胀的豆子越来越多，挤压力越来越大，最后导致某些豆子无法膨胀。残留奥氏体不稳定，当条件适宜就会向马氏体转变。

残留奥氏体的数量主要取决于钢的 Ms 和 Mf 点的位置，而 Ms 和 Mf 点主要由奥氏体的成分决定，基本上不受冷却速度及其他因素的影响。奥氏体中含碳量增高会使 Ms 和 Mf 点降低，残留奥氏体增多。

残留奥氏体对钢的性能影响，应根据具体情况分析，不能一概说好或坏。总体来说，它可降低硬度、强度和耐磨性，但可提高钢的塑性和韧性。由于残留奥氏体不稳定，在使用过程中可转变成马氏体，影响零件尺寸的精度。

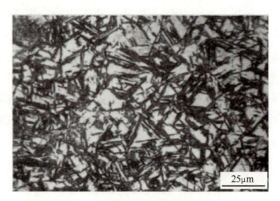

进阶图 18-2　钢淬火后的残留奥氏体（白色）

钢淬火后的残留奥氏体如进阶图18-2所示。

任务19 进阶

1. 退火可细分为五类，每一类退火在工艺上如何实施呢？

解析：

（1）完全退火　将亚共析钢加热到 Ac_3 以上 30~50℃，保温并随炉缓冷到 600℃以下，出炉空冷。

（2）等温退火　将奥氏体化后的钢快速冷却至珠光体形成温度，等温保温，使过冷奥氏体转变为珠光体，空冷至室温。

（3）球化退火　将过共析钢加热到 Ac_1 以上 20~30℃，保温 2~4h，使片状渗碳体发生不完全溶解，断开成细小的链状或点状，形成均匀的颗粒状渗碳体。

（4）均匀化退火　将工件加热到 Ac_3 或 Ac_{cm} 以上 150~300℃，保温 10~15h，随炉缓冷到 350℃，再出炉空冷。工件经均匀化退火后，奥氏体晶粒十分粗大，必须进行一次完全退火或正火来细化晶粒，消除过热缺陷。

（5）去应力退火　将工件随炉缓慢加热到 500~650℃，保温，随炉缓慢冷却至 200℃ 出炉空冷。

2. 正火的应用场合有哪些？

解析：

（1）作为预备热处理工序

1）合金结构钢件在淬火前进行正火，用来消除魏氏组织和带状组织，起到均匀、细化组织的作用。

2）对于过共析钢可减少二次渗碳体量，不形成连续网状，为球化退火做组织准备。

（2）作为中间热处理工序　低碳钢在毛坯锻造成形后，通过正火适当提高硬度，改善切削加工性。

（3）作为最终热处理工序

1）细化晶粒，均匀组织。

2）减少亚共析钢中铁素体含量，使珠光体含量增多并细化，提高钢的强度、硬度和韧性。

3）用于不重要零件的最终热处理工序。

3. 如何选择退火及正火工艺？

解析：退火及正火工艺的选择如进阶图19-1所示。

进阶图19-1　退火及正火工艺的选择

（1）从经济角度　优先考虑经济性，原因是正火的冷却速度比退火稍快些，正火比退火的生产周期短，耗能少，且操作简便，故在可能的条件下，应优先考虑以正火代替退火。

（2）从作用角度　从作用上考虑，尤其对于过共析钢，在球化退火之前往往要先进行一次正火，以破坏钢中的网状二次渗碳体。

（3）从切削加工性角度　切削加工性包括硬度、切削脆性、表面粗糙度及对刀具的磨损等。

一般金属的硬度在170~230HBW范围内，切削加工性较好。硬度过高，难以加工，且刀具磨损快；硬度过低则切屑不易断，会造成刀具发热和磨损，加工后的零件表面粗糙度值很大。对于低、中碳结构钢，以正火作为预备热处理工序比较合适，高碳结构钢和工具钢则以退火为宜。至于合金钢，由于合金元素的加入，使钢的硬度有所提高，故中碳以上的合金钢一般都采用退火来改善切削加工性。

（4）从使用性能角度　如零件性能要求不太高，随后不再进行淬火和回火，那么往往用正火来提高其力学性能。但若零件的形状比较复杂，正火的冷却速度有形成裂纹的危险，应采用退火。

任务20 进阶

1. 我国古代已采用淬火工艺，水和油作为淬火冷却介质是从何时开始的呢？

解析：早在《北齐书》中便有记载，南北朝时期的著名刀匠綦毋怀文造宿铁刀的技术，"其法，烧生铁精以重柔铤，数宿则成刚。以柔铁为刀脊，浴以五牲之溺，淬以五牲之脂，斩甲过三十札"。

解读：制造的钢刀称为宿铁刀，采用了先水淬（含盐）、后油淬的双液淬火，刀背强韧，刃口硬而锋利。可见，古人在很早就已经掌握了淬火技术。还不是简单的单液淬火，而是水淬油冷的双液淬火。

2. 如何避免淬火过程中加热、保温时间控制不当造成的不良后果？

解析：要避免不良后果，需要知道其影响因素。如果用一个简单明了的公式表示淬火加

热时间的话，可以表示为

$$\tau = \alpha KD$$

式中　τ——加热时间（min）；
　　　α——加热系数（min/mm）；
　　　K——装炉修正系数；
　　　D——工件有效厚度（mm）。

如果加热时间把握不当，容易造成以下一些问题。

（1）过热　它是指工件在淬火加热时，由于温度过高或时间过长，造成奥氏体晶粒粗大的现象。过热使马氏体粗大，引起脆断、淬火裂纹。纠正过热工件要采取细化晶粒的退火或正火。

（2）过烧　它是指工件在淬火加热时，温度过高，使奥氏体晶界发生氧化或出现局部熔化的现象。过烧的工件无法补救，只能报废。

（3）表面氧化、脱碳　工件与加热介质相互作用。

因此，严格把控加热、保温时间是避免过热、过烧及表面氧化、脱碳的有效措施。

3. 已经了解了四种常用淬火方法，它们各有什么特点呢？

解析：

（1）单液淬火　优点是操作简单，有利于实现机械化和自动化；缺点是冷却速度受介质冷却特性的限制而影响淬火质量。单液淬火对碳素钢而言只适用于形状较简单的工件。

（2）双液淬火　先快后慢，降低组织应力，但是操作不好掌握，在应用方面有一定的局限性。

（3）分级淬火　由于在分级温度停留到工件内外温度一致后空冷，所以能有效地减少相变应力和热应力，减少淬火变形和开裂倾向。它适用于对于变形要求高的合金钢和高合金钢工件，也可用于截面尺寸不大、形状复杂的碳素钢工件。

（4）等温淬火　有利于得到耐磨性好的下贝氏体组织，常用于工模具、弹簧的加工制造。

4. 除了四种常用的淬火方法外，还有别的方法吗？

解析：除了四种常用的淬火方法外，还会用到下面的几种方法。

（1）局部淬火　如对于进阶图 20-1 所示的卡规等量具或者重要工具等的局部，需要抗磨损能力更强时，经常采用局部淬火。

（2）冷处理　冷处理是将工件淬火冷却到室温后，继续在制冷设备或低温介质中冷却至 Mf 以下温度（一般在 -60~-80℃）的工艺。此工艺通过降低残留奥氏体量，可以达到稳定组织、稳定尺寸的目的。冷处理在近 30 年以来得到了越来越多的应用。

5. 淬透性的影响因素有哪些？如何影响？

解析：

（1）含碳量　对于碳素钢：亚共析钢随含碳量增加，等温转变曲线右移，淬透性提高；过共析钢随含碳量增加，等温转变曲线左移，淬透性降低；共析钢的临界冷却速度最小，淬

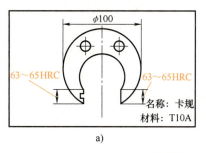
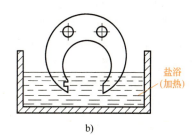

进阶图 20-1　局部淬火

透性最好。

（2）合金元素　除钴以外，其余合金元素溶于奥氏体后，会降低临界冷却速度，使等温转变曲线右移，淬透性提高。所以，合金钢往往比碳素钢的淬透性好。

（3）奥氏体化温度　提高奥氏体化温度，使奥氏体晶粒长大、成分均匀，减少珠光体的形核率，降低钢的临界冷却速度，改善其淬透性。

（4）钢中未溶第二相　钢中未溶入奥氏体中的碳化物、氮化物及其他非金属夹杂物，成为奥氏体分解的非自发核心，使临界冷却速度增大，会降低淬透性。

任务 21 进阶

1. 淬火钢为什么不能直接使用，必须进行回火？

解析：

1）淬火后得到的是很脆的马氏体组织存在内应力，容易产生变形和开裂。

2）淬火马氏体和残留奥氏体都是不稳定组织，在工作中会发生分解，导致零件尺寸变化。

3）为了获得要求的强度、硬度、塑性和韧性，以满足零件的使用要求。

2. 什么是调质处理？

解析：调质处理是指淬火加高温回火的双重热处理方法，其目的是使工件具有良好的综合力学性能。高温回火是指在 500~650℃进行回火。

调质可以使钢的性能得到很大程度的调整，其强度、塑性和韧性都较好，具有良好的综合力学性能。调质处理后得到回火索氏体。回火索氏体是马氏体于回火时形成的，在光学显微镜下放大 500~600 倍以上才能分辨出来，其为铁素体基体内分布着碳化物（包括渗碳体）球粒的复合组织。它也是马氏体的一种回火组织，是铁素体与粒状碳化物的混合物。此时的铁素体已基本无碳的过饱和度，碳化物也为稳定型碳化物，常温下是一种平衡组织。

任务 22 进阶

1. 感应淬火的原理是什么？

解析：通过对感应圈通交流电，在其内部产生交变磁场，将工件置于磁场中，则在工件内部产生感应电流,在电阻的作用下工件被加热。交流线圈中的交流电产生趋肤效应,工件表面的电流密度大,表面温度快速升高到相变点以上;工件中心电流密度几乎为零,温度仍在相变点以下。用水或聚乙烯醇水溶液喷射,工件表面被淬火。表面形成马氏体组织,而心部组织保持不变。

通过感应线圈的电流频率越高,感应电流的趋肤效应越强烈,故电流透入深度越小,加热层深度越小,淬火后工件淬硬层就越薄。

2. 感应淬火有哪些特点?

解析:

1) 感应淬火时,钢的奥氏体化在较大的过热度(Ac_3 以上 80~150℃)下进行,晶核多。加热时间短,晶粒细。

2) 表面层淬得马氏体后,体积膨胀,表面造成较大的残余压应力,可提高工件的疲劳强度。

3) 加热速度快、时间短,工件氧化脱碳少。内部未加热,工件的淬火变形小。

4) 加热温度和淬硬层厚度容易控制。

5) 感应淬火设备较贵,维修、调整比较困难,用于形状复杂工件淬火的感应器不易制造。

3. 火焰淬火有哪些优缺点?

解析:

1) 火焰淬火设备简单,操作方便,灵活性强。

2) 单件小批生产工件、巨型工件、淬火面积很大的大型工件、具有立体曲面的淬火工件等均适合。

3) 在重型机械、冶金、矿山、机车、船舶等工业部门得到了广泛的应用,如大型齿轮、轴、轧辊、导轨等的表面淬火。

4) 火焰淬火容易过热,温度及淬硬层厚度的测量和控制较难,因而对操作人员的技术水平要求也较高。

4. 影响火焰淬火的工艺因素有哪些?

解析:

1) 单位时间消耗的燃气越多,加热速度越快。

2) 火焰停留的时间越长,表面温度越高。

3) 火焰停留的时间越长,淬硬层越厚。

4) 淬硬层深度还和钢的淬透性、工件比表面积大小有关。

5. 其他表面淬火工艺还有哪些?

解析:感应淬火和火焰淬火工艺在生产上应用极为广泛,除此之外,接触电阻加热淬火、电解液淬火也经常被用于一些特定的场合。

1) 接触电阻加热淬火。利用触点(铜或石墨材质)和工件的接触电阻,以低电压、大电流使触点温度迅速上升。将触点以一定速度移过工件表面,即可将表层加热至淬火温度,并在工件自身的冷却下淬硬。本方法简易可行,适用于大件的局部表面淬火。

2) 电解液淬火。以工件作为阴极,置于电解液中(常用 5%~20% 的碳酸钠水溶液),以电解槽为阳极,通入 200~300V 的直流电。由于电解作用使阴极(工件)表面形成一层氢气膜。氢气膜具有大的电阻，温度迅速升高，并将工件表面加热到淬火温度。停电后电解液将工件淬冷。本方法适用于大批量生产工件的局部表面淬火。

任务 23 进阶

1. 化学热处理好神奇，它提高了材料的哪些性能？

解析：

（1）提高零件的耐磨性　钢件渗碳可获得高碳马氏体硬化表层；合金钢件渗氮可获得合金氮化物的弥散硬化表层。用这两种方法获得的钢件表面硬度分别可达 58~62HRC 及 800~1200HV。另一途径是在钢件表面形成减摩、抗黏结薄膜以改善摩擦条件，同样可提高耐磨性。例如：用蒸汽处理表面，产生四氧化三铁薄膜，有抗黏结的作用；表面硫化获得硫化亚铁薄膜，可兼有减摩与抗黏结的作用。近年来发展起来的多元共渗工艺，如氧氮共渗、硫氮共渗、碳氮硫氧硼五元共渗等，能同时形成高硬度的扩散层与抗黏或减摩薄膜，可有效地提高零件的耐磨性，特别是抗黏结磨损性。

（2）提高零件的疲劳强度　渗碳、渗氮、软渗氮和碳氮共渗等方法，都可在表面强化的同时，在零件表面形成残余压应力，有效地提高零件的疲劳强度。

（3）提高零件的耐蚀性与抗高温氧化性　渗氮可提高零件的耐大气腐蚀性；钢件渗铝、渗铬、渗硅后，与氧或腐蚀介质作用形成致密、稳定的 Al_2O_3、Cr_2O_3、SiO_2 保护膜，可提高耐蚀性及抗高温氧化性。

通常，零件硬化的同时会带来脆性。用表面硬化方法提高表面硬度时，仍能保持心部处于较好的韧性状态，因此它比零件整体淬火硬化方法能更好地解决零件硬化与其韧性的矛盾。化学热处理使零件表层的化学成分与组织同时改变，因此它比高、中频感应淬火、火焰淬火等表面淬火硬化方法效果更好。如果渗入元素选择适当，可获得适应零件多种性能要求的表面层。

2. 除了气体渗碳外，是不是还有固体、液体渗碳方法呢？

解析：确实有。

（1）固体渗碳　所用的渗剂是具有一定粒度的固态物质。它由供渗剂（如渗碳时的木炭）、催渗剂（如渗碳时的碳酸盐）及填料（如渗铝时的氧化铝粉）按一定配比组成。这种方法较简便，将工件埋入填满渗剂的铁箱内并密封，放入加热炉内加热保温至规定的时间即可，但质量不易控制，生产率低。

（2）液体渗碳　渗剂是熔融的盐类或其他化合物。它由供渗剂和中性盐组成。为了加速化学热处理过程的进行，附加电解装置后成为电解液体。在硼砂盐浴炉内渗金属的处理法是近年发展起来的工艺，主要应用于钛、铬、钒等碳化物形成元素的渗入。

任务 24 进阶

1. 表面改性技术发展的各阶段代表性工艺有哪些？

解析：

（1）传统的表面改性技术　表面热处理：通过对工件表面的加热、冷却而改变表层力学性能的金属热处理工艺。表面淬火是表面热处理的主要内容，其目的是获得高硬度的表面层和有利的内应力分布，以提高工件的耐磨性和抗疲劳性能。

表面渗碳：将含碳（质量分数为 0.1%～0.25%）的钢放到碳势高的环境介质中，通过让活性高的碳原子扩散到钢的内部，形成一定厚度的含碳量较高的渗碳层，再经过淬火/回火，使工件的表面层得到含碳量高的马氏体，而心部因含碳量保持原始浓度而得到含碳量低的马氏体，马氏体的硬度主要与其含碳量有关，故经渗碳处理和后续热处理可使工件获得外硬内韧的性能。

（2）20 世纪 60 年代以来　传统的淬火已由火焰加热发展为高频加热，高频加热设备是采用磁场感应涡流加热原理，利用电流通过线圈产生磁场，当磁场内磁力线通过金属材质时，使锅炉体本身自行高速发热，然后再加热物质，并且能在短时间内达到令人满意的温度。

（3）20 世纪 70 年代以来　化学镀为主流。化学镀是指在不用外加电流的情况下，在同一溶液中使用还原剂使金属离子在具有催化活性的表面上沉积出金属镀层的方法。

（4）近 30 年来　热喷涂成为主流。热喷涂是指一系列过程，在这些过程中，细微而分散的金属或非金属的涂层材料以一种熔化或半熔化状态，沉积到一种经过制备的基体表面，形成某种喷涂沉积层。它是利用某种热源（如电弧、等离子喷涂或燃烧火焰等）将粉末状或丝状的金属或非金属材料加热到熔融或半熔融状态，然后借助火焰本身或压缩空气以一定速度喷射到预处理过的基体表面，沉积而形成具有各种功能的表面涂层的一种技术。

（5）现代材料表面改性　激光束（激光表面涂敷、激光表面合金化、激光淬火）、电子束（表面淬火）、离子束（离子束注入）、表面镀膜、化学气相沉积、物理气相沉积。

2. 激光淬火的优缺点是什么？

解析：激光淬火的优点如下：

1）马氏体晶粒更细，位错密度更高，强度比常规淬火提高 5%～20%。
2）加热速度快，热影响区小，淬火应力及变形小。
3）热处理的柔性好，可对深孔、凹槽等进行局部硬化。
4）工艺周期短，生产率高，容易实现自动化。
5）无需冷却介质，对环境污染小。

激光淬火的缺点：需对工件表面进行预处理，以增加工件吸收激光的能力。

日常生产中钢铁材料比较容易实现激光淬火，但是对于铝合金、铜合金等反射光比较强的材料，操作工艺复杂，设备较贵。

3. 电子束表面改性技术有哪些具体应用呢？

解析：

（1）电子束热处理　电子束退火和回火是将材料加热到各自特定的温度，保持这一温度并以一定的速度冷却，使材料获得更接近平衡状态的显微结构。电子束退火用于金属带材生产过程，可使金属组织均匀化、减少残余应力并去除材料中的气体。电子束回火最常用在电子束硬化之后，也可以用于电子束焊后焊接接头的回火。

电子束相变强化是通过短时加热，使材料温度低于熔点但超过马氏体转变温度，然后快速冷却，获得一个非常精细的结构，其硬度比常规表面处理方法高，可显著提升材料的耐磨性，还可以选择点进行精确加热。它可以用于强化低碳钢、合金结构钢、轴承钢、工具钢及白口铸铁、灰铸铁等。

（2）电子束重熔　表面重熔技术是金属表面硬化的一种发展方向。它的能量密度高于以前的硬化方法，并且加热速度可达到 $10^4℃/s$。这一过程包括基体材料非常薄的表面层熔化或在表面上沉积涂层，并且伴随相当快速的结晶。表面重熔技术分为重熔硬化、上光釉化、增密以及细化和缺陷消除。

金属表面合金化采用比硬化加工更高的能量密度以及较长的加热时间来完成，合金化能使表层对合金成分的溶解达到饱和态，这些合金成分能与基体材料完全或部分互溶。表面合金化可减小金属材料表面粗糙度值；通过添加特定的合金成分，可以使耐蚀性和耐磨性得到显著提高。

前 言

本书是在"全面育人、以学生为中心"编写理念的基础上按照教育部《职业院校教材管理办法》(教材〔2019〕3号)文件精神,对标机械设计制造类、航空装备类、自动化类相关专业就业岗位的国家职业技能标准编写的具有活页功能的教材。

本书分为达标篇和进阶篇两部分。达标篇解决"必需、够用"的目标,共24个任务,每个任务按照两课时的学习任务安排,提供可操作的学习流程,均配有评价总结、习题测试以及拓展阅读。以学习任务单及学习流程,实现知识、能力和素质目标的达成。进阶篇以问答的形式解决学习深度、拓展视野、创新思维、提高认识的问题。问题的设置从学习者的探索未知、提高认识、解决问题、创新高度等方面对达标篇加以补充,是达标要求的延伸与拓展,旨在提高学生的学习能力,掌握适度、够用的材料知识,推动学生深度参与课堂活动,学会学习,积极参与探究过程,提高学习能力和素养。

本书的活页功能体现在:

1)学习任务为独立单元,教师可根据专业特点自由重组模块与项目,安排学习任务。

2)达标篇与进阶篇为两个相对独立部分,教师可根据教学安排对进阶篇内容进行取舍。

3)若需增加学习任务,教师可按照本书体例,在前面探究问题实践的基础上,设计学习任务单和学习流程。本书中学习任务单及评价表按照学期进程及学习任务对知识、能力和素质进行了有区别的递进评价,要求略有不同,重组或增减时可做调整。

本书由西安航空职业技术学院白钰枝、韩斌慧任主编,史秀宝、张建广、王温栋任副主编,参与编写工作的还有西安皓森精铸有限公司的马晓龙以及西安航空职业技术学院的叶华欣、宋育红、雷蕾、王兰老师。编写工作:张建广编写任务1、2、3、5、6及进阶,马晓龙编写任务4及进阶,史秀宝编写任务7、8、15~18及进阶,白钰枝编写任务9~14及进阶,韩斌慧编写任务19~24及进阶;其他工作:白钰枝负责体例设计、全书统稿及微课制作,韩斌慧协助统稿,王温栋和宋育红协同体例设计,叶华欣负责后期文字校对、图例设计及美化,雷蕾和王兰负责引用零件图样的规范性与标准化。本书由西安航空职业技术学院张敏华主审,冯娟和李文杰协同审稿把关,三位老师在百忙之中认真审阅,对教材提出了很多宝贵意见,在此表示衷心的感谢!

本书在编写中遵循为党育人、为国育才,在引导文、探究参考、拓展阅读及进阶篇的问题中结合学习内容,列举了有关工程材料科研和应用方面自信自强、守正创新、踔厉奋发、勇毅前行的实例,激励莘莘学子为建设社会主义现代化国家、推进中华民族伟大复兴而努力。

本书旨在提高学生的学习能力,掌握适度、够用的材料知识,推动学生深度参与课堂活动,学会学习,积极参与探究过程,提高学习能力和素养。本书的活页式教材形式处于探索实践中,经验甚浅,在环节、内容、时间安排及节奏把控方面也定有许多不足之处,恳请广大师生和读者批评指正,编写组所有同仁将不胜感谢。欢迎来信交流,联系方式:317356321@qq.com。

编 者

目录

前言

达 标 篇

模块1　金属材料性能探究 …………………… 2
　项目1　金属材料力学性能探究 ………… 3
　　任务1　金属材料强度、塑性探究 …… 3
　　任务2　金属材料硬度探究 …………… 9
　　任务3　金属材料韧性、疲劳强度
　　　　　　探究 ……………………………14
　项目2　材料成形工艺及工艺性能探究 ……20
　　任务4　铸造及铸造性探究 ……………20
　　任务5　锻压及可锻性探究 ……………26
　　任务6　焊接及焊接性探究 ……………32
　　任务7　切削加工及切削加工性探究 …38
　　任务8　粉末冶金工艺探究 ……………45

模块2　常用工程材料的辨识 ………………51
　项目3　金属材料的辨识 …………………51
　　任务9　非合金钢的辨识 ………………52
　　任务10　低合金钢、合金钢的辨识 ……57
　　任务11　铸铁与铸钢的辨识 ……………63
　　任务12　高温合金、铝合金的辨识 ……68
　项目4　非金属材料的辨识 ………………73

　　任务13　有机高分子材料和无机非金属
　　　　　　材料的辨识 ……………………74
　　任务14　复合材料的辨识 ………………81
　项目5　材料的辨识综合训练 ……………85
　　任务15　零件材料的鉴别 ………………85
　　任务16　刀具材料的选择 ………………91

模块3　常用金属材料的改性 ………………96
　项目6　材料改性基础知识 ………………96
　　任务17　金属材料结构与性能探究 ……97
　　任务18　钢的组织与性能关系探究 ……103
　项目7　整体热处理探究 …………………110
　　任务19　退火、正火工艺探究 …………110
　　任务20　淬火工艺探究 …………………116
　　任务21　回火工艺探究 …………………120
　项目8　表面改性工艺探究 ………………125
　　任务22　表面淬火工艺探究 ……………125
　　任务23　化学热处理探究 ………………131
　　任务24　表面强化工艺探究 ……………136

参考文献 ……………………………………144

进阶篇（练习夹册）

模块1进阶 ……………………………… 1
模块2进阶 ……………………………… 14
模块3进阶 ……………………………… 27

达标篇

模块 1

金属材料性能探究

模块先导

本模块探究金属材料的性能，欢迎同学们进入工程材料的世界。

什么是材料？一般认为材料是人类使用或加工的物质，也可以说所有用来制造生产和生活资料的物质。例如：一块石头本来不是材料，但当它被人类用在混凝土中时，就有了材料的属性；当一棵树被人们加工并使用时，它就变成了材料。

材料可以分为**天然材料**和**人造材料**两大类。自然界赋予了天然材料以组成、结构和天然属性（性能）。人造材料则经历了成分选择确定、制备工艺实施，达成相应组织结构并最终获得一定性能的完整过程。

成分、工艺、结构和性能这四个材料链环中的环节称为材料的四要素。这里提到的性能通常指使用性能。例如：刀具需要硬度高和有一定韧性的材料；受力机械零件需要刚度、强度、塑性较高的材料；有相互接触零件需要耐磨性好的材料；桥梁、锅炉等大型构件需要韧性好的材料；在高温自然环境下工作的机件需要抗蠕变和抗氧化性好的材料；在海水、化学气氛环境下工作的构件需要耐蚀性好的材料；传输电能需要电导率高的材料；加热炉既需要发热率高的加热元件，也需要防止热散失的低导热材料等。

生活中还有哪些常用材料？用在什么地方？各有什么性能？大家可以讨论一下。

一起来看下金属材料的性能，如模块 1 导图所示。

模块 1 导图　金属材料的性能

使用性能是材料加工成零件之后在使用过程中表现出来的性能。
工艺性能是材料在成形、加工过程中表现出来的适应某种工艺的能力。
接下来分别探讨力学性能和工艺性能。

项目1 金属材料力学性能探究

项目导读

零件在使用过程中受到拉伸、压缩、弯曲、剪切、扭转等力的作用,在这些力的作用下材料表现出来的性能就是力学性能。本项目主要探讨力学性能中的强度、塑性、硬度、韧性和疲劳强度。

材料在外力作用下会产生变形,如项目1导图所示。一般来说,外力较小时产生弹性变形;外力较大时还会产生塑性变形,当外力过大时会发生断裂。了解了材料的变形有助于理解材料的力学性能。

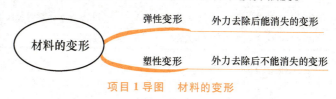

项目1导图 材料的变形

任务1 金属材料强度、塑性探究

引导文

请看图1-1所示三张图片中的飞机,你都认识吗?大家讨论下,请航空爱好者给大家讲讲它们的故事,争取开场的演讲机会吧!

图1-1 飞机演化史

a)木布结构阶段的飞机 b)以铝、钛、合金钢为主的金属材料阶段的飞机 c)现阶段以复合材料为主的飞机

"一代材料,一代飞行器"。现代飞机更加关注材料的比强度,也就是单位重量的强度,那么究竟什么是强度?它为何如此重要?

学习流程

一、确认信息

针对引导文,你捕捉到哪些信息?航空材料发展的不同阶段,哪些信息在变迁?确认一下我们的任务。

二、领会任务

逐条领会学习任务单(表1-1),学习材料的强度、塑性知识。

表1-1 任务1学习任务单

姓名		日期		年 月 日 星期
任务1 金属材料强度、塑性探究				
序号	任务内容			
1	强度是什么?说一说强度低的材料受外力后可能出现的情况			
2	如何表示材料的强度			
3	说一说应力的含义及其单位			

(续)

序号	任务内容
4	强度如何测定？用什么设备？和同桌说一说
5	强度的作用如何体现
6	塑性是什么？表征塑性的性能指标是什么
7	测定材料塑性需要做什么试验？用什么设备
8	强度和塑性有什么关系
9	在"全国标准信息公共服务平台"中如何查阅金属材料强度测量方法的相关标准
10	将查阅资料中有趣的内容说出来给大家听

三、探究参考

（一）强度

1. 揭秘强度概念

"这力量是铁，这力量是钢，比铁还硬，比钢还强。"歌曲《团结就是力量》仿佛回荡在耳旁。你可能知道"硬"就是"硬度高"的意思，那么"强"是什么意思呢？对，它在这里就是"强度高"的意思，强度到底是什么呢？

强度就是指金属材料在静载荷作用下抵抗塑性变形和断裂的能力。

强度越高，相同横截面积的材料在工作时可以承受的载荷就越大。当载荷一定时，选用高强度的材料，就可以减小构件或零件的截面尺寸，从而减小自重，这对于航空、汽车、船舶等领域的意义更为突出。

2. 强度的大小

材料的强度通常用材料内部所能承受的应力来表示。应力是拉伸试验期间任意时刻的力与试样横截面面积之商。图1-2所示为测定强度的拉伸试验机，图1-3所示为拉应力状态示意图。

图1-2　测定强度的拉伸试验机

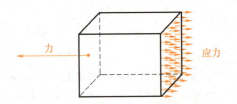

图1-3　拉应力状态示意图

材料在受到拉力或压力时，内部垂直于横截面上的应力大小为

$$\sigma = \frac{F_内}{S}$$

式中　σ——横截面正应力（Pa）；

　　　$F_内$——材料内部产生的内力（N）；

　　　S——横截面面积（m²）。

Pa 单位很小,所以实际工程中常用 MPa（$1MPa = 10^6 Pa$）作为强度的单位。一般钢材的屈服强度为 200~2000MPa。

3. 材料的强度测定

GB/T 228.1—2021《金属材料　拉伸试验　第 1 部分：室温试验方法》对试样、试验过程等做了详尽的规定，这里简单探讨室温静载荷拉伸条件下拉伸试验测定的强度指标。

试样的形状与尺寸取决于被试验金属产品的形状与尺寸。通常从产品、压制坯或铸件切取样坯经机加工制成试样，但具有等横截面的产品（型材、棒材、线材等）和铸造试样（铸铁和铸造非铁合金）可不经机加工而进行试验。

以横截面为圆形的棒材为例，试样各部分尺寸如图 1-4 所示。

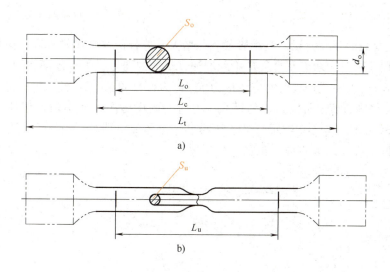

图 1-4　圆形横截面机加工试样

a）试验前　b）试验后

d_o—圆形试样平行长度的原始直径　L_o—原始标距　L_c—平行长度　L_t—试样总长度
L_u—断后标距　S_o—平行长度的原始横截面面积　S_u—断后最小横截面面积

注：试样头部形状仅为示意图例。

拉伸试验是在试样两端缓慢施加载荷，使试样的工作部分受轴向拉力，引起试样沿轴向伸长，直至拉断为止。根据测量的数据，可以绘制出拉力与试样伸长量之间的关系，如图 1-5 所示。

为了方便对不同尺寸试样的力学性能进行对比，纵坐标用单位面积上受到的力，即前面提到的"应力"来表示；同理，为了方便对不同长度的试样进行对比，横坐标用伸长量（ΔL）除以试样原始标距（L_o）得到的"延伸率"来表示，得到低碳钢拉伸试验中应力与延伸率的关系，如图 1-6 所示，纵坐标为应力 R，横坐标为延伸率 e，也称为应变，是材料受力后延伸增量的百分率。从材料在拉伸试验过程中的表现可以看出，此过程经历了四个阶段，涉及了两个重要的强度指标：屈服强度和抗拉强度。

图 1-6 中，OE 为线弹性阶段，此阶段去除拉力后变形能完全恢复，产生的变形为弹性变形，其中直线段部分的应力与延伸率成正比关系。

曲线上出现平台或锯齿状（曲线 ES 段）的阶段称为屈服阶段。施加的外力使材料内部应力达到 E 点后，外力不增大或变化不大，试样仍继续伸长，开始出现明显的塑性变形。这种在承受的拉力不继续增大或稍微减小的情况下变形却继续增加的现象称为材料的屈服。当金属材料呈现屈服现象时，在试验期间金属材料产生塑性变形而力不增加时的应力点称为屈服强度。屈服强度分上屈服强度 R_{eH} 和下屈服强度 R_{eL}。上屈服强度是试样发生屈服而力首次下降前的最大应力；下屈服强度是在屈服期间不计初始瞬时效应时的最小应力。

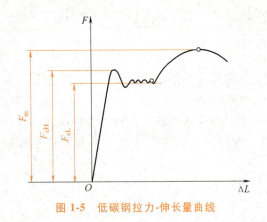

图 1-5 低碳钢拉力-伸长量曲线

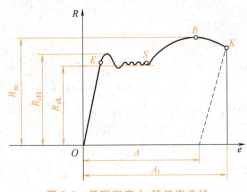

图 1-6 低碳钢应力-延伸率曲线

曲线的 SB 段是材料的强化阶段。这个阶段载荷增大，伸长沿整个试样长度方向均匀进行，继而进入均匀塑性变形阶段。同时，随着塑性变形不断增加，试样的变形抗力也逐渐增加，产生了形变强化。在曲线的最高点（B 点），相应最大力对应的应力 R_m 称为材料的**抗拉强度**。

曲线的 BK 段是材料的缩颈阶段。达到最大拉力时，试样再次产生不均匀塑性变形，变形主要集中于试样的某一局部区域，该处横截面面积急剧减小，这种现象即是"缩颈"。随着缩颈处截面不断减小，承载能力不断下降，到 K 点时，试样发生断裂。

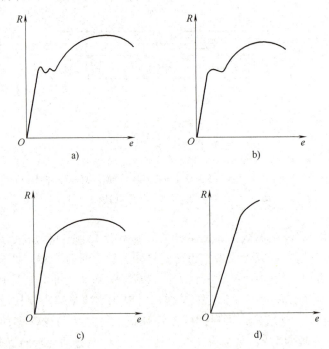

图 1-7 应力-延伸率曲线

a）低碳钢、低合金钢　b）中碳钢　c）淬火后低、中温回火钢　d）铸铁

并非所有金属材料或同一材料在不同条件下都具有相同类型的应力-延伸率曲线。图 1-7a 所示曲线有锯齿状的屈服阶段，有上、下屈服强度，均匀塑性变形后产生缩颈，然后试样断裂；图 1-7b 所示曲线有屈服阶段，但波动微小，几乎成一直线，均匀塑性变形后产生缩颈，然后试样断裂；图 1-7c 所示曲线无明显可见的屈服阶段，试样产生均匀塑性变形并缩颈后断裂；图 1-7d 所示曲线不仅无屈服阶段，而且在产生少量均匀塑性变形后试样就突然断裂。

4. 强度对于材料的意义

对于脆性材料，断裂前仅发生弹性变形或少量塑性变形，不会缩颈，故最大载荷就是断裂时的载荷，此时抗拉强度就是断裂强度。

对于塑性材料，工程设计采用的主要参数是屈服强度而非抗拉强度。不过后者的意义在于：首先，抗拉强度比屈服强度更容易测定；其次，它表征了材料在拉伸条件下所能承受的最大应力，低于抗拉强度，材料有可能变形失效，但不会发生断裂；再次，抗拉强度也是成分、结构和组织的敏感参数，可用来初步评定材料的强度以及各种加工、热处理工艺质量。

脆性材料和塑性材料又是怎么界定的？在外力作用下，产生较显著变形而不被破坏的材料，称为塑性材料。通常将材料经拉伸试验后，断后伸长率大于5%的材料称为塑性材料，否则为脆性材料。伸长率又是什么？让我们探寻金属材料的另一个力学性能——塑性。

（二）塑性

塑性是什么？如何表示？

塑性是指金属在静载荷作用下发生不可逆变形而不被破坏的能力。材料的塑性可用试样被拉断时的最大相对变形量来表示，常用断后伸长率和断面收缩率两个指标。它们是工程上广泛使用的表征材料塑性好坏的主要力学性能指标。以 GB/T 228.1—2021《金属材料 拉伸试验 第1部分：室温试验方法》为依据，术语及表示如下。

断后伸长率 A： 断后原始标距的增量（L_u-L_o）与原始标距 L_o 之比，以%表示，即

$$A = \frac{L_u - L_o}{L_o} \times 100\%$$

L_u、L_o 的含义如图1-4所示，A 如图1-6所示。注意：图1-6中 A_t 为断裂总延伸率，变形量包括了弹性变形和塑性变形，而塑性指标 A 是指不可恢复的塑性变形量对应的延伸率。

断面收缩率 Z： 断裂后试样横截面积的最大缩减量（S_o-S_u）与原始横截面积 S_o 之比，以%表示，即

$$Z = \frac{S_o - S_u}{S_o} \times 100\%$$

S_o、S_u 的含义如图1-4所示。

任何零件都要求材料具有一定的塑性。很显然，断后伸长率和断面收缩率越大，说明材料在断裂前发生的塑性变形量越大，也就是材料的塑性越好。

金属之所以获得广泛应用，其原因不仅在于具有较高的强度，更在于其良好的塑性。

塑性好的金属材料可以产生大量塑性变形而不破坏，便于通过各种压力加工方法（锻造、轧制、冲压等）获得形状复杂的零件或构件。例如，低碳钢的断后伸长率可达30%、断面收缩率可达60%，可以拉成细丝，轧成薄板，进行深冲成形。

塑性差的铸铁不能进行塑性加工，因而在应用中受到很大限制。工程构件或机械零件在使用过程中虽然不允许发生明显的塑性变形，但在偶然过载时，塑性好的材料能在过载处产生塑性变形，而不至于突然断裂。

此外，材料塑性变形具有缓和应力集中和消减应力峰的作用，因而能防止机件发生未能预测的早期破坏。许多零件或构件不可避免地存在截面突变、油孔、沟槽、尖角等缺口，加载后在这些缺口处会出现应力集中。具有一定塑性的材料可在缺口根部产生塑性变形，使缺口处应力下降。塑性指标的高低还能反映材料的冶金质量，如钢中夹杂物过多时，塑性必定下降。轧制钢材的纵横向伸长率之差往往是评定压力加工质量优劣的指标之一。

一般情况下，强度与塑性是一对相互矛盾的性能指标。在金属材料的工程应用中，要提高强度，就要牺牲一部分塑性。反之，要改善塑性，就必须牺牲一部分强度。但通过细化金属材料的显微组织，可以同时提高材料的强度和塑性。

四、汇报展示

通过探究，你整理的内容有眉目了吧！勇敢举手，将你查阅资料、阅读理解、分析归纳的结果和大家一起分享吧！可用思维导图展现成果，简明扼要阐述你对强度和塑性的认识。

五、评价总结

利用现有学习条件，进行自我评价（表1-2），汇报展示的同学还可以得到教师和同学们的点评和鼓励。

表1-2 任务1评价表

指标	评分项目		自我评价	得分点	得分
知识获取	□熟悉常见金属材料的力学性能		□内容熟悉 □查阅快捷、简便 □方法有效 □信息准确	每项5分 共40分	
	□熟悉弹性变形、塑性变形及断裂的概念				
	□掌握应力的概念				
	□掌握强度的概念				
	□掌握强度指标及表示				
	□熟悉拉伸试验原理及使用设备				
	□掌握塑性的概念				
	□掌握断后伸长率、断面收缩率及表示				
学习方法	□能从学习任务单中提炼关键词		□快速 □慢速	每项4分 共12分	
	□能够仔细阅读并理解所查资料内容				
	□能够划出重点内容				
学习能力	注意力	□阅读能持久 □倾听能持久 □有时走神 □不能集中		每项4分 共28分	
	理解力	□完全理解 □部分理解 □讨论后理解 □教师讲解后理解 □仍有问题未解决			
	阅读分析	□能理解强度概念 □能理解塑性概念 □能归纳本次任务学习重点			
	资源整合	□文本 □图表 □陈述 □导图 □表达式 □一份清单 □系列情境			
	表达能力	□汇报流程完整：主题—主体—结束语 □文明用语 □声音洪亮	教师点评：		
素养提升	主动参与	□积极查找强度相关资料并理解	□符合 □一般 □有进步	每项5分 共20分	
	独立性	□自觉完成任务 □需要督促			
	自信心	□文明用语、乐于教人 □若时间允许能解决 □感觉有点难			
	信息化应用	分享资源渠道与类型：			
总评：□满意 □不满意 □还需努力 □有进步				总分：	

习题测试

1.【填空】金属材料室温静载荷拉伸时的变形阶段包括_____、_____、_____以及_____。

2.【单选】下列说法错误的是（ ）。
  A. 金属材料室温静载荷拉伸试验可以测定金属材料的强度、塑性
  B. 金属材料的强度、塑性之间没有任何关系
  C. 材料的强度常用材料内部所能承受的应力来表示

3.【单选】加工硬化对金属材料力学性能的影响是（ ）。
  A. 硬度下降   B. 强度提高   C. 塑性提高   D. 韧性提高

4.【单选】试样拉断前所承受的最大标称拉应力为（ ）。
  A. 抗压强度   B. 屈服强度   C. 疲劳强度   D. 抗拉强度

5.【单选】根据拉伸试验过程中拉伸试验力和伸长量的关系画出的力-伸长量曲线可以确定出金属的（ ）。

　　A. 强度和硬度　　　　B. 强度和塑性　　　C. 强度和韧性　　　D. 塑性和韧性

6.【多选】塑性的主要判断标准是（ ）和（ ）。

　　A. 强度　　　　　　　B. 断后伸长率　　　C. 硬度　　　　　　D. 断面收缩率

7.【判断】某工人加工工件时，测量金属工件合格，交检验员后发现尺寸变动，其原因可能是金属材料有弹性变形。（ ）

8.【判断】所有的金属材料在拉伸试验时都会出现屈服现象。（ ）

9.【判断】拉伸破坏试验可以测定金属材料的强度、塑性。（ ）

拓展阅读

本任务中图 1-1c 所示为我国研制的新一代大飞机 C919，用于起落架的 300M 超高强度钢是由我国自主研发的。众所周知，飞机起落架对材料的强度和韧性有着极高的要求。热处理后，此钢的强度可达 1860MPa 以上。

想了解更多 C919 的重要信息，可搜索央视网，输入关键词，找到时政微解读，了解国产大飞机。

任务 2　金属材料硬度探究

引导文

生活中经常提到"硬度"，强度和硬度是不是一回事呢？硬度大的材料强度是不是也一样大？让我们讨论一下。

仔细观察图 2-1 右下角"技术要求"部分的"30HRC"，这个要求是什么意思呢？为什么对零件提出这个要求呢？齿轮传动工作时需要一个齿轮的轮齿推动另一个齿轮的轮齿转动，轮齿之间有接触，

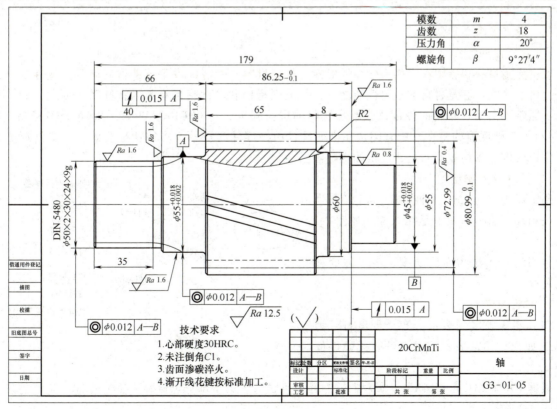

图 2-1　轴零件图

有力的作用，需要有什么性能呢？

学习流程

一、确认信息

确认图 2-1 中所有与材料硬度有关系的信息，开始我们的任务。

二、领会任务

逐条领会学习任务单（表 2-1），明确任务需要完成的内容。

表 2-1 任务 2 学习任务单

姓名		日期	年 月 日 星期
任务 2 金属材料硬度探究			
序号	任务内容		
1	硬度是什么？何种使用工况需要高硬度？列举一下		
2	测定硬度用什么设备		
3	图 2-1 中 30HRC 是什么意思		
4	布氏硬度如何表示？说一说如何查阅硬度试验方法		
5	零件图中的硬度要求表示的是哪种硬度		
6	收集资料，看看工程现场如何测量硬度		
7	讨论在不损伤零件表面的情况下如何测量硬度		
8	硬度的作用如何体现		
9	在"全国标准信息公共服务平台"中如何查阅金属材料硬度测量方法的相关标准		
10	分享查阅资料心得		

三、探究参考

（一）硬度的定义

硬度是衡量材料软硬程度的力学性能指标，是指材料在静载荷作用下抵抗表面局部塑性变形、压痕、划痕的能力。它是材料的重要性能之一，与强度指标和塑性指标有着内在联系。因此，在一定条件下，通常可由某种材料的硬度值估算出材料的抗拉强度，可在 GB/T 33362—2016/ISO18265：2013《金属材料 硬度值的换算》中查阅。在机械设计中，零件的技术要求往往标注硬度。热处理工艺中也常常以硬度作为检验产品是否合格的主要依据。

（二）硬度的测定

测定硬度的方法有多种，大体可以分为压入法和划痕法，常用的是压入法，如图 2-2 所示。

常用的压入法为布氏硬度、洛氏硬度和维氏硬度。

图 2-2 压入法

1. 布氏硬度

（1）布氏硬度的表示　布氏硬度符号为 HBW，如 300HBW 表示该材料的布氏硬度值为 300。

根据 GB/T 231.1—2018《金属材料 布氏硬度试验 第 1 部分：试验方法》规定，完整的表示方法如图 2-3 所示。

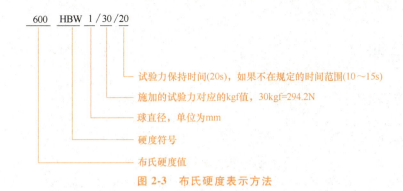

图 2-3 布氏硬度表示方法

（2）布氏硬度试验原理 如图 2-4 所示，对一定直径 D 的碳化钨合金球施加试验力 F，压入试样表面，经规定保持时间后，卸除试验力，测量试样表面压痕的直径 d。布氏硬度值用球面压痕单位表面积上所承受的平均压力来表示。在试验中，硬度值不需要计算，是用刻度放大镜测出压痕直径 d，然后对照 GB/T 231.4—2009《金属材料 布氏硬度试验 第 4 部分：硬度值表》查出相应的布氏硬度值。数显布氏硬度计（图 2-5）可直接读出硬度值。

压痕直径 d 为互相垂直方向的测量值 d_1 和 d_2 的平均值。

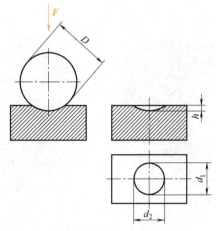

图 2-4 布氏硬度试验原理

图 2-5 数显布氏硬度计

（3）布氏硬度的特点

1）布氏硬度的优点是：球直径较大，在金属材料表面上留下的压痕也较大，故测得的硬度值比较准确。

2）布氏硬度的缺点是：压痕较大，故不宜测定成品件及薄片材料。

一般来说，材料越软，其压痕直径越大，布氏硬度值也就越小。如被测金属硬度过高，将影响硬度值的准确性，所以布氏硬度试验一般适用于测定布氏硬度值小于 650HBW 的金属材料。当被测样品尺寸过小或者布氏硬度大于 450HBW 时，一般改用洛氏硬度计测量。常见的金属如 45 钢，按照国家标准要求，未经热处理的交货硬度为 229HBW。

2. 洛氏硬度

（1）洛氏硬度的表示 GB/T 230.1—2018《金属材料 洛氏硬度试验 第 1 部分：试验方法》中规定了标尺为 A、B、C、D、E、F、G、H、K、15N、30N、45N、15T、30T 和 45T 的金属材料洛氏硬度的试验方法。这些标尺的应用涵盖了几乎所有常用的金属材料。标尺不同，试验所用的压头类型和试验力等条件就有所不同。洛氏硬度符号为 HR，如果使用 C 标尺，则洛氏硬度的符号为 HRC，表示方法如图 2-6 所示。

（2）洛氏硬度试验原理 如图 2-7 所示，X 轴为时间，Y 轴为压痕深度，5 为试样表面，6 为测量

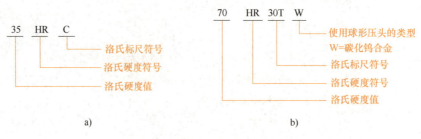

图 2-6 洛氏硬度的表示方法

a) 120°圆锥压头的洛氏硬度表示 b) 碳化钨合金球压头的洛氏硬度表示

基准面,将特定尺寸、形状和材料的压头按照规定分两级试验力压入表面,初试验力 F_0 加载后,测量初始压痕深度 1,随后施加主试验力 F_1,由主试验力引起的压痕深度为 2,卸除主试验力 F_1 后的弹性恢复深度为 3,最后残余压痕深度为 4。洛氏硬度值可通过计算公式算出。

压头有两种直径的碳化钨合金球和顶角为 120°的金刚石圆锥三种类型。材料的压痕深度越浅,其洛氏硬度越高。反之,洛氏硬度越低。为了能用一种硬度计(图 2-8)测定较大范围的硬度,采用六种试验力,三种压头,有 15 种组合,对应洛氏硬度的 15 个标尺。目前常用的是 HRA、HRBW 和 HRC,其中 HRC 应用最广,其试验条件见表 2-2。

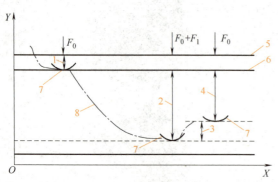

图 2-7 洛氏硬度试验原理

图 2-8 洛氏硬度计

表 2-2 不同标尺的试验条件

标尺	测量范围	初试验力	总试验力	压头类型
HRA	20~95HRA	98.07N	588.4N	金刚石圆锥
HRBW	10~100HRBW	98.07N	980.7N	直径 1.5875mm 球
HRC	20~70HRC	98.07N	1.471kN	金刚石圆锥

(3) 洛氏硬度的特点

1) 洛氏硬度的优点是操作迅速、简便,可由表盘上直接读出硬度值。由于压痕小,故可测量较薄工件的硬度。

2) 洛氏硬度的缺点是精度较差,硬度值波动较大,通常应在试样不同部位测量数次,取平均值作为该材料的硬度值。

3. 维氏硬度

(1) 维氏硬度的表示 维氏硬度符号为 HV,测量范围为 5~3000HV。符号之前为硬度值,符号之后按照图 2-9 所示排列。

(2) 维氏硬度试验原理 维氏硬度试验根据 GB/T

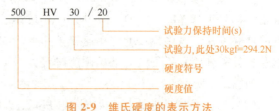

图 2-9 维氏硬度的表示方法

4340.1—2009《金属材料 维氏硬度试验 第1部分：试验方法》的规定进行。

维氏硬度试验原理：维氏硬度试验的压头是具有正方形基面、顶角为136°的金刚石正四棱锥体，在一定压力作用下，在试样试验面上压出一个正方形压痕，通过设在维氏硬度计（图2-10）上的显微镜来测量压痕两条对角线的长度，根据对角线的平均长度，从相应表中查出维氏硬度值，如图2-11所示。

图 2-10 维氏硬度计

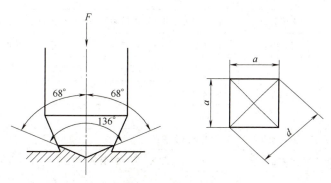

图 2-11 维氏硬度试验原理

维氏硬度是为了克服布氏硬度只能测定硬度值小于450HBW的较软材料和洛氏硬度标尺太多且不能直接换算的缺点的又一种硬度试验法。

（3）维氏硬度的特点

1）维氏硬度的优点是：可用一种标尺来测定从极软到极硬的材料，且准确度高。加之其施加的压力小，压入深度较浅，可测定零件各种表面渗层如硬化层、金属镀层和薄片金属的硬度等。

2）维氏硬度的缺点是：对试样表面要求高，压痕对角线长度 d 的测定较麻烦，工作效率不如洛氏硬度高。

四、汇报展示

通过探究，对材料的硬度有了明确的认识，也一定有新的疑问。通过汇报的形式做出总结，并提出问题供大家讨论。

五、评价总结

利用现有学习条件，进行自我评价（表2-3），汇报展示的同学还可以得到教师和同学们的点评和鼓励。

表 2-3 任务 2 评价表

指标	评分项目	自我评价	得分点	得分
知识获取	□明确硬度的概念	□理解概念 □快速查阅 □方法有效 □信息准确	每项 5 分 共 40 分	
	□掌握硬度表示为数字在前、符号在后			
	□掌握布氏硬度的表示方法			
	□掌握洛氏硬度的表示方法及意义			
	□知道布氏硬度的优缺点			
	□知道洛氏硬度的优缺点			
	□能说出强度和硬度的关系			
	□能说出硬度和塑性的区别			
学习方法	□能从学习任务单中提炼关键词	□快速 □慢速	每项 4 分 共 12 分	
	□能够仔细阅读并理解所查资料内容			
	□能够划出重点内容			

(续)

指标	评分项目		自我评价	得分点	得分
学习能力	注意力	□阅读能持久 □倾听能持久 □有时走神 □不能集中		每项4分 共28分	
	理解力	□完全理解 □部分理解 □讨论后理解 □教师讲解后理解 □仍有问题没解决			
	阅读分析	□能理解三种硬度的试验原理 □能理解三种硬度的异同			
	资源整合	□文本 □图表 □陈述 □导图 □一份清单 □系列情境			
	表达能力	□汇报流程完整:主题—主体—结束语	教师点评:		
		□文明用语			
		□声音洪亮			
素养提升	主动参与	□遇到能回答的问题主动举手	□符合 □一般 □有进步	每项5分 共20分	
	独立性	□自觉完成任务 □需要督促			
	自信心	□理解内容 □文明用语、乐于教人 □若时间允许能解决			
	信息化应用	分享资源渠道与类型:			
总评:□满意 □不满意 □还需努力 □有进步				总分:	

习题测试

1. 【填空】金属材料的力学性能包括_____、_____、_____、_____和_____等。
2. 【单选】一般在图样上都以（　　）作为热处理技术要求标注。
   A. 强度　　　B. 塑性　　　C. 硬度　　　D. 韧性
3. 【单选】金刚石圆锥做压头,并以压痕深度计量硬度值的是（　　）。
   A. 布氏硬度　B. 洛氏硬度　C. 维氏硬度　D. 里氏硬度
4. 【单选】硬度是衡量金属材料软硬程度的一个指标,下列三种硬度应用最广的是（　　）。
   A. HBW　　　B. HRC　　　C. HV
5. 【单选】金属材料的硬度越高,其耐磨性（　　）。
   A. 越好　　　B. 越差　　　C. 不一定好　D. 以上都不对
6. 【单选】适用于测试硬质合金、表面淬火钢及薄片金属硬度的试验方法是（　　）。
   A. 布氏硬度　B. 洛氏硬度　C. 维氏硬度　D. 以上都可以
7. 【单选】不宜用于成品与表面薄层硬度的试验方法是（　　）。
   A. 布氏硬度　B. 洛氏硬度　C. 维氏硬度　D. 以上都不宜
8. 【判断】塑性变形能随载荷的去除而消失。（　　）

拓展阅读

超硬材料被誉为"材料之王"和"终极半导体",又被誉为现代工业的"牙齿",是支撑先进制造技术的必备工具,广泛应用于航空航天、国防军工、高档数控机床等领域。看我国的超硬材料是如何突破国外"卡脖子"关键技术,成为全球超硬材料的"领航者",央视网"强信心 拼经济 一颗金刚石的'产业链'之旅"中有详细报道。

任务3　金属材料韧性、疲劳强度探究

引导文

首先将强度、塑性、硬度的知识做一梳理,举手争取汇报机会,尽量吐字清晰,声音洪亮。

然后看如图3-1所示一组受力情况不同的零(部)件。大家讨论下,它们工作时承受的载荷与前面试验施加的载荷是否一样?

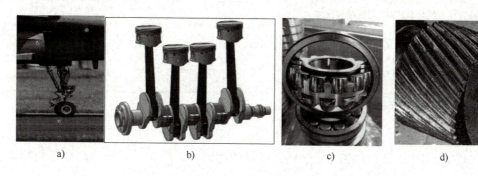

图 3-1 受力情况不同的零(部)件
a)飞机起落架 b)曲柄连杆机构 c)轴承 d)齿轮

前面提到的试验中,无论是用硬度计测硬度还是用万能试验机测强度和塑性,加载的力都是静态的,或者即使随时间变化,也假设它们的作用是缓慢和平滑的,我们把这种外力称为静载荷。

实际上,许多机械中的零件都会受到动载荷的作用。动载荷包括短时间快速作用的冲击载荷以及随时间做周期性变化的周期性载荷和非周期性变化的随机载荷等。

如飞机起落架(图3-1a),在飞机降落之前都不受力,但在接触地面的瞬间,会受到巨大的冲击力。又如汽车发动机的核心部件——曲柄连杆机构(图3-1b),曲轴旋转两周,活塞头部就承受一次气缸点火时的爆炸性升压,且在每个循环往复载荷下,活塞与气缸壁之间的圆周间隙会使得这些表面受到冲击作用。想象一下钉钉子时,若用锤头缓慢压入钉子而不是敲打,会怎样?区别冲击载荷和静载荷,关键是载荷作用的持续时间。如果载荷作用缓慢,那么就可以认为是静载荷。如果载荷作用快速,则认为是冲击载荷。

还有一种载荷,既不像冲击载荷那么强烈,但也没有静载荷那么平稳,它随着时间或快或慢地变化,而且持续时间很长。例如,汽车减速器中的轴承和齿轮(图3-1c、d),在发动机的带动下不停地运转,间歇性受力。这种载荷称为交变载荷,主要包括对称循环载荷、波动载荷和脉动载荷。

在冲击载荷和交变载荷的作用下,用哪种性能指标来评判材料的力学性能呢?

学习流程

一、确认信息
确认如图3-1所示各种零(部)件所受的载荷类型,开始我们的任务。

二、领会任务
逐条领会学习任务单(表3-1),明确任务需要完成的内容。

表 3-1 任务 3 学习任务单

姓名		日期		年 月 日 星期
任务 3 金属材料韧性、疲劳强度探究					
序号	任务内容				
1	韧性和塑性是相同的概念吗?带着疑问探究韧性相关知识,得出结论				
2	如何衡量韧性?有哪几种指标可以衡量韧性?各有何特点				
3	查阅资料,列举韧性好的材料				
4	查阅资料,了解如何提高金属材料的韧性				
5	疲劳现象有什么危害?查资料说说看				
6	什么是疲劳极限?描述一下				

(续)

序号	任务内容
7	讨论什么状况下需要考虑韧性和疲劳
8	如何提高材料的疲劳强度
9	在"全国标准信息公共服务平台"中如何查阅金属材料疲劳强度测量方法的相关标准
10	分享资料来源

三、探究参考

（一）韧性

韧性表示材料在塑性变形和断裂过程中吸收能量的能力。韧性有断裂韧性和冲击韧性两类。韧性越好，发生脆性断裂的可能性越小。

1. 断裂韧性

断裂韧性是材料阻止宏观裂纹失稳扩展的能力，也是材料抵抗脆性破坏的韧性参数。它和裂纹本身的大小、形状及外加应力大小无关。断裂韧性是材料固有的特性，只与材料本身热处理及加工工艺有关。GB/T 38769—2020《金属材料 预裂纹夏比试样冲击加载断裂韧性的测定》中用规定的仪器化冲击试验机对疲劳预制裂纹的夏比试样实施冲击试验，采用断裂力学的方法评价材料的断裂韧性。韧性材料应具有大的断裂伸长值，所以有较大的断裂韧性，而脆性材料一般断裂韧性较小。

2. 冲击韧性

冲击韧性是指材料抵抗冲击载荷而不破坏的能力。

工业上常用一次摆锤冲击试验来测定材料抵抗冲击载荷的能力。冲击试验是将具有一定质量的摆锤举至一定的高度，使其获得一定的势能，然后将其释放，在摆锤下落到最低位置处将试样冲断，如图 3-2 和图 3-3 所示。摆锤冲断试样时所失去的能量称为吸收能量 K，单位为焦耳（J），即

$$K = mg(H_1 - H_2)$$

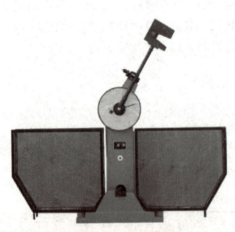

图 3-2 冲击试验机

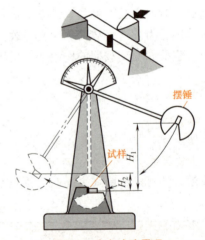

图 3-3 冲击试验原理

根据 GB/T 229—2020《金属材料 夏比摆锤冲击试验方法》规定，标准试样长度的中间有 U 型或 V 型缺口，试样的吸收能量分别表示为 KU 和 KV，吸收能量的大小直接在试验机的刻度盘上读出。

用试样缺口处的横截面积 S 去除 KU 或 KV，可得材料的冲击韧度值指标 a_K，$a_K = K/S$，单位为 kJ/m^2。与吸收能量 K 相比，冲击韧度 a_K 没有明确的物理意义，仅仅是一种数学表达方法。因此，一般用吸收能量作为判断材料韧性的依据。

吸收能量 K 或冲击韧度 a_K 越大，材料的韧性越大，越可以承受较大的冲击载荷。一般把吸收能量低的材料称为脆性材料，吸收能量高的材料称为韧性材料。

（二）疲劳

1. 疲劳现象

金属材料在受到交变应力或重复循环应力时，往往在工作应力远小于屈服强度的情况下突然断裂，这种现象称为疲劳。疲劳断裂是金属零件或构件在交变应力或重复循环应力长期作用下，由于累积损伤而引起的断裂现象。工程中许多零件和构件都是在交变载荷下工作的，如曲轴、连杆、齿轮等，其失效形式主要是疲劳断裂。据统计，金属部件中有80%以上的损坏是由于疲劳而引起的，极易造成人身事故和经济损失。因此，认识疲劳现象，提高疲劳抗力，防止疲劳失效是非常重要的。

研究表明，金属材料的疲劳断裂，断口一般由裂纹源、扩展区和断裂区三部分组成，如图3-4和图3-5所示。疲劳断裂是在零件的应力集中区域产生的，在该区域先形成微裂纹源，随后在循环应力作用下裂纹不断扩展，使得零件的有效工作面逐渐减小，因此零件所受应力不断增加，当应力超过金属材料的断裂强度时则发生疲劳断裂。

图3-4 疲劳破坏的断口形貌

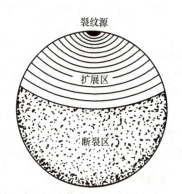

图3-5 疲劳破坏的断口表面形态示意图

2. 疲劳强度

疲劳强度也称为疲劳极限，GB/T 4337—2015《金属材料 疲劳试验 旋转弯曲方法》中称为耐久极限应力。它是对应于规定循环次数如10^7或10^8，施加到试样上而试样没发生失效的应力范围。通常耐久寿命对于结构钢是10^7，对于其他钢和非铁合金是10^8。

3. 疲劳试验原理

试样旋转并承受一弯矩，产生弯矩的力恒定不变且不转动。试样可装成悬臂，在一点或两点加力；或装成横梁，在四点加力。试验一直进行到试样失效或超过预定应力循环次数。疲劳试验机如图3-6所示。

在试验过程中，在指定寿命下使试样失效的应力用字母S表示，应力循环次数用N表示。通常用疲劳曲线（S-N曲线）来描述疲劳应力与疲劳寿命之间的关系。它是确定疲劳极限、建立疲劳应力判据的基础。试验表明，金属材料所受循环应力越大，则疲劳断裂前所经历的应力循环次数N_f越低，反之越高。如图3-7所示，纵坐标为最大应力值S_{max}，单位为MPa；横坐标为疲劳寿命N_f。

图3-6 疲劳试验机

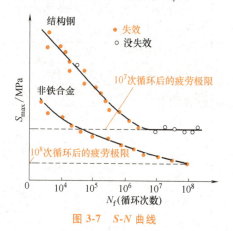

图3-7 S-N曲线

4. 疲劳断裂特点

疲劳断裂与静载荷和冲击加载断裂相比，具有以下特点。

（1）疲劳断裂是低应力循环延时断裂，是具有寿命的断裂　疲劳断裂的应力水平往往低于材料的抗拉强度，甚至低于屈服强度。断裂寿命随应力不同而变化，应力高则寿命短，应力低则寿命长。当应力低于某一临界值时，寿命可达无限长。

（2）疲劳断裂是脆性断裂　由于一般疲劳的应力水平比屈服强度低，所以不论是韧性材料还是脆性材料，在疲劳断裂前均不会发生塑性变形及形变预兆，它是在长期累积损伤过程中，经裂纹萌生和缓慢亚稳扩展到临界尺寸时才突然发生的。因此，疲劳是一种潜在的突发性断裂，危险性极大。

（3）疲劳对缺陷（缺口、裂纹及组织缺陷）十分敏感　由于疲劳破坏是从局部开始的，所以它对缺陷具有高度的选择性。缺口和裂纹是因为应力集中而加大对材料的损伤作用，组织缺陷（夹杂、疏松、白点、脱碳等）则是降低了材料的局部强度，这三者都加快了疲劳破坏的产生和发展。

（4）疲劳断口特征非常明显　疲劳断口能清楚地显示出裂纹的产生、发展和最后断裂三个组成部分。

5. 提高疲劳强度的措施

消除或减少疲劳失效对于提高零件使用寿命意义重大，因此要提高零件的疲劳强度，从众多影响疲劳强度的因素中着重考虑以下几方面。

1) 零件结构设计注重避免或减轻零件应力集中。
2) 改善零件表面质量，减少缺口效应。
3) 采用表面处理以及各种表面强化工艺改变零件表层的残余应力状态。

四、汇报展示

通过探究，将韧性、疲劳强度进行梳理，并将两者与强度、塑性和硬度进行比较，组织内容进行汇报。

五、评价总结

对照表3-2中的项目，进行自我评价，汇报展示的同学还可以得到教师和同学们的点评和鼓励。

表 3-2　任务 3 评价表

指标	评分项目	自我评价	得分点	得分
知识获取	□熟悉衡量韧性的两个指标	□内容熟悉 □查阅快捷、简便 □方法有效 □信息准确	每项 5 分 共 40 分	
	□熟悉冲击韧性的指标			
	□熟悉冲击韧性的试验原理			
	□能比较韧性和塑性的异同			
	□掌握疲劳强度的概念			
	□了解疲劳失效的危害			
	□了解疲劳失效的过程及断口的不同区域			
	□熟悉提高疲劳强度的措施			
学习方法	□能从学习任务单中提炼关键词	□快速 □慢速	每项 4 分 共 12 分	
	□能够仔细阅读并理解所查资料内容			
	□能够划出重点内容			
学习能力	注意力	□持续集中　□容易集中　□易受干扰　□与阅读材料难易有关	每项 4 分 共 28 分	
	理解力	□完全理解　□部分理解　□讨论后理解　□教师讲解后理解 □仍有问题未解决		
	阅读分析	□能快速获悉韧性、疲劳强度的概念　□能理解疲劳的危害 □能归纳本次任务学习重点		

(续)

指标	评分项目		自我评价	得分点	得分
学习能力	资源整合	☐文本 ☐图表 ☐陈述 ☐导图 ☐表达式 ☐一份清单 ☐系列情境	教师点评：	每项4分 共28分	
	表达能力	☐开场梳理上次课内容			
		☐汇报流程完整：主题—主体—结束语			
		☐声音洪亮			
素养提升	主动参与	☐积极主动阅读、记笔记	☐符合 ☐一般 ☐有进步	每项5分 共20分	
	独立性	☐自觉完成任务 ☐需要督促			
	自信心	☐文明用语、乐于教人 ☐若时间允许能解决 ☐感觉有点难			
	信息化应用	分享资源渠道与类型：			

总评：☐满意 ☐不满意 ☐还需努力 ☐有进步　　　　　　　　　　　　　　总分：

习题测试

1.【填空】韧性表示材料在塑性变形和断裂过程中吸收_____的能力。

2.【单选】疲劳试验时，试样承受的载荷为（　　）。
　A. 静载荷　　　　　B. 交变载荷　　　　C. 冲击载荷　　　　D. 扭转载荷

3.【单选】为了保证飞机的安全，当飞机达到设计允许的使用时间（如10000h）后，必须强行退役，这是考虑材料的（　　）。
　A. 强度　　　　　　B. 塑性　　　　　　C. 硬度　　　　　　D. 疲劳强度

4.【单选】做一次摆锤冲击试验时，试样承受的载荷为（　　）。
　A. 静载荷　　　　　B. 静载荷和冲击载荷　C. 冲击载荷　　　　D. 交变载荷

5.【单选】冲击韧性是指金属材料在冲击载荷的作用下抵抗（　　）的能力。
　A. 冲击　　　　　　B. 压力　　　　　　C. 拉力　　　　　　D. 破坏

6.【单选】金属的韧性通常随加载速度提高、温度降低、应力集中程度加剧而（　　）。
　A. 变好　　　　　　B. 变差　　　　　　C. 无影响　　　　　D. 难以判断

7.【单选】金属疲劳的判断依据是（　　）。
　A. 强度　　　　　　B. 塑性　　　　　　C. 抗拉强度　　　　D. 疲劳强度

8.【判断】一般金属材料在低温时比高温时脆性大。（　　）

9.【判断】冲击试样缺口的作用是便于夹取试样。（　　）

10.【判断】在测量钢的疲劳强度试验中，钢须经受无数次交变载荷作用而不产生断裂。（　　）

拓展阅读

　　非晶合金与普通钢铁材料相比，有相当突出的高强度、高韧性和高耐磨性。在日常生活中接触的非晶合金已有很多，如用非晶合金制作的高耐磨音频视频磁头，在高档录音、录像机中广泛使用；把块状非晶合金应用于高尔夫球击球杆头和微型齿轮中。非晶合金已广泛用于轻工业、重工业、军工和航空航天业，在材料表面、特殊部件和结构零件等方面也得到了较广泛的应用。更丰富的信息可在互联网搜索纪录片《大国之材》的第一集《非晶》。我国新材料行业系列纪录片《大国之材》讲述了中国新材料产业各领域从无到有，直到赶超世界先进水平背后的艰辛感人历程。

项目2 材料成形工艺及工艺性能探究

项目导读

材料被加工时是否适应实际生产工艺的要求,反映了材料的工艺性能(也称为加工性能)的优劣。工艺性能就是对材料使用某种加工方法或过程,以获得优质制品的可能性或难易程度,如铸造性、可锻性、切削加工性等。工艺性能往往由多种因素的综合作用决定,如物理因素、化学因素及力学因素等。

本项目将主要探究铸造性、可锻性、焊接性、切削加工性以及与之相关的成形工艺,即铸造、锻造、焊接、切削加工,补充介绍粉末冶金工艺,如项目2导图所示。

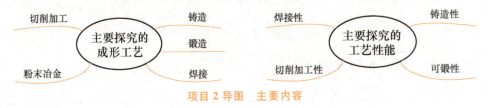

项目2导图 主要内容

任务4 铸造及铸造性探究

引导文

对金属材料力学性能的探究告一段落,大家及时梳理,并将查阅资料过程中发现的有趣现象或故事积极分享。

请看如图4-1所示的某箱体零件技术要求,仔细观察第一条"不得有任何影响强度的铸造缺陷存在",说明零件毛坯的制造方法是铸造,技术要求包括铸造圆角等结构。那么铸造是什么?对于材料有哪些要求?材料性能对铸造质量有哪些影响呢?

技术要求
1. 不得有任何影响强度的铸造缺陷存在。
2. 未注铸造圆角为R3~R6。
3. 不加工铸造表面要求平整光滑。
4. 清除毛刺,打磨平整。
5. 箱体内部涂防锈漆,外部喷面漆(工程黄)。

图 4-1 某箱体零件技术要求

学习流程

一、确认信息

确认如图4-1所示技术要求中的工艺要求,开始我们的任务。

二、领会任务

逐条领会学习任务单(表4-1)。

表4-1 任务4学习任务单

姓名		日期	年 月 日 星期
任务4 铸造及铸造性探究			
序号	任务内容		
1	铸造是什么工艺?何种情况下需要使用铸造成形		
2	零件图中的铸造工艺要求是如何表达的?说说看		
3	铸造工艺有哪几类?说出至少三种铸造工艺		
4	简单说一下熔模铸造的工艺流程		
5	铸造性如何衡量		

(续)

序号	任务内容
6	金属液体的流动性、收缩性是什么意思
7	收集资料,看看工程现场制作砂型是如何进行的
8	现代铸造技术有哪些变化?你了解现代铸造工厂的劳动环境吗
9	讨论铸造工艺的优缺点有哪些
10	分享资料来源

三、探究参考

（一）铸造

1. 毛坯成形方式

大部分零件在设计时都需要确定好毛坯类型。常见的毛坯类型包括型材、铸件、锻件和焊件,如图4-2所示。从经济性上来讲,一般优先选择型材;从结构功能上来讲,优先选择整体成形,如形状尺寸受影响,可以选择连接成形。

如果采用整体成形且形状复杂,在力学性能允许的条件下,铸造是最好的选择;如果力学性能要求较高,则优先选择锻造。

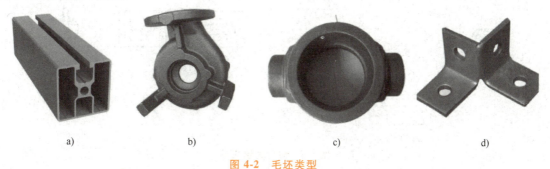

图 4-2 毛坯类型

a) 型材 b) 铸件 c) 锻件 d) 焊件

2. 铸造的概念

根据 GB/T 5611—2017《铸造术语》,铸造是熔炼金属,制造铸型（芯）,并将熔融金属浇入铸型,凝固后获得具有一定形状、尺寸和性能的金属零件毛坯的成形方法。使用砂型生产铸件的铸造方法称为砂型铸造,与砂型铸造不同的其他铸造方法称为特种铸造,如图4-3所示。

一般来讲,特种铸造多用于尺寸及质量较小、结构复杂、生产批量较大的场合,如仪器和仪表壳体、轻型减速机壳体等。

铸造工艺可分为三个基本部分,即铸造金属准备、铸型准备和铸件（图4-4）处理。铸造金属是指铸造生产中用于浇注铸件的金属材料,它是以一种金属元素为主要成分,并加入其他金属或非金属元素而组成的合金,习惯上称为铸造合金,主要有铸铁、铸钢和铸造非铁合金等。

图 4-3 铸造的种类

图 4-4 铸件

3. 铸造的种类

（1）砂型铸造　砂型铸造是利用砂作为铸型材料，又称为砂铸、翻砂，包括湿砂型、干砂型和化学硬化砂型三类。砂型铸造的优点是成本较低，型砂可重复使用；缺点是铸型制作耗时，铸型本身不能被重复使用，须破坏后才能取得成品。其相关工艺如图4-5~图4-7所示。

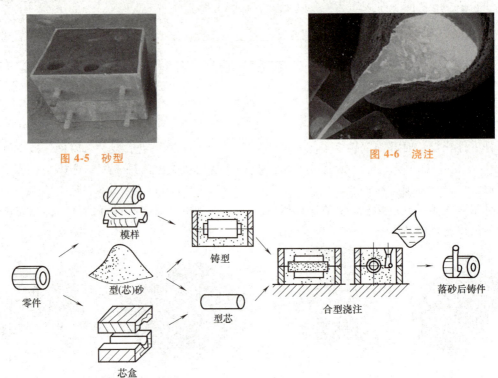

图4-5　砂型　　　　　　　　　图4-6　浇注

图4-7　砂型铸造工艺

（2）特种铸造　特种铸造按造型材料又可分为以天然矿产砂石为主要造型材料的特种铸造（如熔模铸造、壳型铸造、陶瓷型铸造等）和以金属为主要造型材料的特种铸造（如金属型铸造、压力铸造、离心铸造、连续铸造等）两类。

以熔模铸造为例简单了解一下其工艺方法。

熔模铸造又称为熔模精密铸造、失蜡铸造，是用易熔材料如蜡料制成模样，在模样上包覆若干层耐火涂料，制成型壳，熔出模样后经高温焙烧即可浇注的铸造方法。

我国的熔模铸造技术最早应用于春秋早、中期，最早用来铸造各种青铜器器皿、钟鼎及艺术品，其造型华丽、纹饰精巧、铭文清晰，表明我国的熔模铸造技术及冶炼工艺已经有了高度的发展。铭文中铸有"宅兹中国"字样的西周早期青铜器"何尊"已显示出其高超技艺，如图4-8所示。进入21世纪以来，世界各地的熔模铸件在质量和产量上都有较大的增长和提高，我国的熔模铸造也不例外。图4-9和图4-10所示为现代熔模铸件及熔模铸造工艺。

图4-8　何尊　　　　　　　　　图4-9　现代熔模铸件

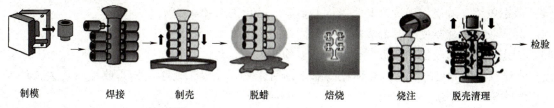

图 4-10 熔模铸造工艺

4. 铸造的主要特点

1) 适应范围很广。首先，可供铸造用的金属（合金）十分广泛，除了常用的铸铁、铸钢和铝、镁、铜、锌等合金外，还有钛、镍、钴等基础合金，甚至无法进行塑性加工和切削加工的非金属陶瓷之类的零件，也能用铸造的方法液态成形。其次，铸造可用于制造形状复杂的整体零件。最后，铸件的质量和尺寸可以在很大范围内变化，最小壁厚为 0.2mm，最大壁厚可达 1m；最小长度为数毫米，最大长度为十几米；质量为数克至数百吨。

2) 由于铸件是在液态下成形的，所以用铸造方法生产复合铸件是一种最经济的方法，此方法可使用不同的材质构成铸件。此外，通过结晶过程的控制，可使铸件的各个部位获得不同的结晶组织和性能。

3) 铸造既可用于单件生产也可用于批量生产，生产类型适应性强。

4) 铸件与零件的形状、尺寸很接近，因而加工余量小，可以节约金属材料和机械加工工时。

5) 成本低廉。在一般机器中，铸件质量占总质量的 40%~80%，但其成本只占 25%~30%。

6) 铸造也有缺点：如铸造工艺过程复杂，工序多，一些工艺过程难以控制，易出现铸造缺陷，铸件质量不够稳定，废品率较高；铸件内部组织粗大、不均匀，其力学性能不如同类材料的锻件高；劳动强度大、劳动条件差等。不过随着铸造技术的迅速发展，新材料、新工艺、新技术和新设备的推广和使用，铸造生产的情况有了很大改观，铸件质量和铸造生产率也得到了很大提高。

（二）铸造性

铸造合金的铸造性主要包括流动性、收缩性和偏析，是金属材料重要的工艺性能。

1. 流动性

金属的流动性是指金属液本身的流动能力。金属的流动性越好，金属液充填铸型的能力越强，就越容易得到轮廓清晰、壁薄而形状复杂的铸件。因此，也常将金属的流动性概括为金属液充填铸型的能力。浇注时，金属液能够充满铸型，是获得外形完整、尺寸精确、轮廓清晰铸件的基本条件。

金属的流动性可用螺旋线长度来测定。图 4-11 所示为螺旋形试样，将金属液浇注入螺旋形试样中，在相同的铸造条件下，获得的螺旋线越长，表明金属液的流动性越好。

在充填过程中，金属液因散热而伴随着结晶现象，同时还遭受铸型的阻碍，如果金属的流动性不足，金属液在没充满铸型之前就停止流动，铸件将产生浇不足或冷隔现象（图 4-12）。

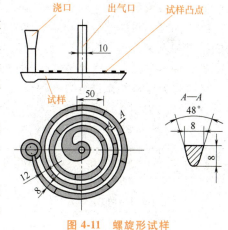

图 4-11 螺旋形试样

此外，金属的流动性好还有利于金属液中的气体、渣、砂等杂物的上浮和排除，易于对金属液在凝固过程中所产生的收缩进行补充。因此，在进行铸件设计和制订铸造工艺时，必须考虑金属的流动性。

影响金属流动性的主要因素包括化学成分和浇注条件，如浇注温度、充型压力、浇注结构、铸型和铸件结构。

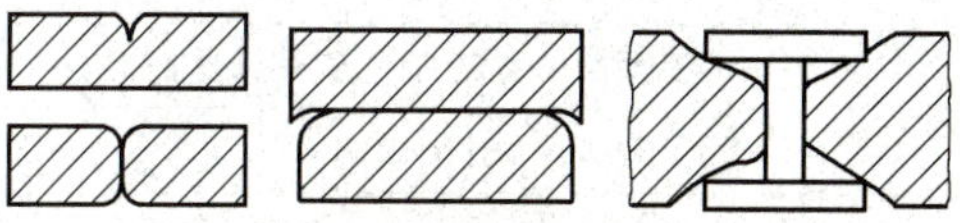

图 4-12 冷隔

2. 收缩性

收缩性是指金属从液态凝固并冷却至室温过程中产生的尺寸和体积减小的现象。收缩分为以下三个阶段。

(1) 液态收缩　从浇注温度冷却到凝固开始温度发生的收缩。
(2) 凝固收缩　从凝固开始温度冷却到凝固终止温度发生的收缩。
(3) 固态收缩　从凝固终止温度冷却到室温的收缩。

液态收缩和凝固收缩表现为合金体积的缩小，用体积收缩率来表示。固态收缩表现为铸件尺寸的缩小，用线收缩率来表示。

体积收缩是产生缩孔、缩松的主要原因；固态收缩是铸件产生内应力、变形和开裂的主要原因。其中铸钢收缩率最大，灰铸铁收缩率最小。灰铸铁中大部分碳是以石墨态析出的，石墨的比体积大，析出石墨所产生的体积膨胀抵消了合金的部分收缩，因此收缩率小。

铸造缺陷主要包括缩孔、缩松、铸造应力、变形及裂纹，如图 4-13 和图 4-14 所示。

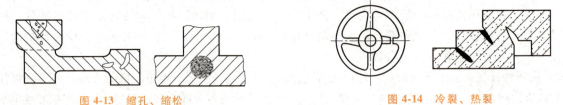

图 4-13　缩孔、缩松　　　　　　　　　　图 4-14　冷裂、热裂

3. 偏析

铸件各部分化学成分的不均匀性称为偏析。铸件偏析有以下三种形式。
(1) 晶内偏析　晶内偏析是指在同一个晶粒（包括晶界）内各部分化学成分的不均匀性。
(2) 区域偏析　区域偏析是指铸件截面上各部分化学成分的不均匀性。
(3) 重力偏析　重力偏析是指同一铸件中的上下部分化学成分的不均匀性。

由于偏析的成因不同，所以防止和消除偏析的方法也不一样。消除晶内偏析的方法是对铸件缓慢冷却或对铸件进行长时间高温退火；区域偏析应以预防为主，主要是控制铸件的冷却速度，使铸件局部减缓或加快冷却；防止重力偏析可在浇注前充分搅拌金属液，使其成分均匀或提高铸件的冷却速度，使金属液中某些成分没有充分时间上浮或下沉。

四、汇报展示

通过探究，对铸造工艺和铸造性要整理的内容有眉目了吧！请将你查阅资料、阅读理解、分析归纳的结果和大家一起分享吧！可用思维导图或其他形式展现成果、简明扼要阐述你的认识。

五、评价总结

结合探究学习结果进行自我评价（表 4-2），各个指标是否有了小小进步？汇报展示的同学还可以得到教师和同学们的点评和鼓励。

表 4-2　任务 4 评价表

指标	评分项目	自我评价	得分点	得分
知识获取	□了解铸造的概念	□内容熟悉 □查阅快捷、简便 □方法有效 □信息准确	每项 5 分 共 40 分	
	□了解铸造的工艺种类			
	□了解砂型铸造			
	□了解熔模铸造			
	□熟悉金属材料的工艺性能			
	□熟悉铸造性的指标			
	□熟悉金属的流动性、收缩性及偏析			
	□了解铸件的主要缺陷			
学习方法	□能从学习任务单中明确重点	□快速 □慢速	每项 4 分 共 12 分	
	□能够仔细阅读并理解所查资料内容			
	□能够边理解边梳理			

(续)

指标	评分项目		自我评价	得分点	得分
学习能力	注意力	☐持续集中　☐易受干扰　☐与阅读材料难易有关		每项4分 共28分	
	理解力	☐完全理解　☐部分理解　☐讨论后理解　☐教师讲解后理解　☐仍有问题未解决			
	阅读分析	☐能从标题级别快速理解逻辑关系　☐能说出阅读中自己关注的点			
	资源整合	☐文本　☐图表　☐陈述　☐导图　☐表达式　☐一份清单　☐系列情境			
	表达能力	☐开场讲述对铸造的感性认识	教师点评：		
		☐汇报流程完整：主题—主体—结束语			
		☐声音洪亮　☐文明用语			
素养提升	主动参与	☐积极主动阅读、记笔记	☐符合 ☐一般 ☐有进步	每项5分 共20分	
	独立性	☐自觉完成任务　☐需要督促			
	自信心	☐文明用语、乐于教人　☐若时间允许能解决　☐感觉有点难			
	信息化应用	分享资源渠道与类型：			
总评：☐满意　☐不满意　☐还需努力　☐有进步				总分：	

习题测试

1. 【填空】金属零件常见的毛坯种类有_____、_____、_____以及_____。

2. 【单选】下列不属于特种铸造的是（　　）。
   A. 离心铸造　　　B. 砂型铸造　　　C. 金属型铸造　　　D. 熔模铸造

3. 【单选】铸件的转角处应采用圆弧过渡，薄壁与厚壁连接处要逐渐过渡，其主要目的是减少内应力，防止（　　）。
   A. 变形　　　B. 开裂　　　C. 浇不到　　　D. 冷隔

4. 【多选】衡量铸造性好坏的指标有（　　）。
   A. 流动性　　　B. 收缩性　　　C. 偏析　　　D. 塑性

5. 【单选】下列合金中，铸造性最差的是（　　）。
   A. 铸钢　　　B. 灰铸铁　　　C. 可锻铸铁　　　D. 蠕墨铸铁

6. 【单选】形状较复杂的毛坯，尤其是具有复杂内腔的毛坯，最合适的生产方法是（　　）。
   A. 模型锻造　　　B. 焊接　　　C. 铸造　　　D. 热挤压

7. 【单选】与钢相比，铸铁工艺性能的突出特点是（　　）。
   A. 焊接性好　　　B. 可锻性好　　　C. 铸造性好　　　D. 热处理性能好

8. 【判断】铸造生产的一个显著优点是能生产复杂的铸件，故铸件的结构越复杂越好。（　　）

9. 【判断】合金收缩要经历三个阶段，其中液态收缩和凝固收缩是铸件产生缩孔、缩松的基本原因。（　　）

拓展阅读

从青铜器开始，铸造业在我国已有近4000年的历史。传统铸造业流行一句老话："差一寸、不算差"，意思是说，在铸造产品中，一寸以内的误差都可以忽略不计。而中国铸造走向世界的新标准则是"零缺陷、零误差"。从"土法上马"到"精雕细琢"，中国铸造正在不断地以技术创新应对全球市场的升级换代。而精湛的技艺离不开我们的大国工匠。中新网"匠心传世：高级铸造技师——毛正石"给您讲述大国工匠故事。

任务5　锻压及可锻性探究

引导文

你是否每天在锻炼身体呢？可曾想过"锻炼"两字的来历，又可曾听说过"百炼钢"？一起讨论一下。

想象一下，一台机器总高42m，15层楼高，总重量2.2万t，单个零件超过75t的就有68个。它就是如图5-1所示我国自主设计研制的世界最大模锻液压机——8万t级模锻液压机。它于2013年4月投入试生产。投产之前，仅美国、俄罗斯、法国拥有4万t以上级的大型模锻液压机。该设备的投产，填补了我国大型模锻液压机制造和装备的空白。

图5-1　8万t级模锻液压机

过去，由于国内锻压设备生产能力不足，难以提供整体、优质、精密的大型模锻件，从而制约了航空、航天、石油、化工、船舶等领域顶级装备制造及行业发展。要实现自主制造大飞机，必须要有8万t级大型模锻液压机。在国产大飞机C919的研制过程中，中国二重承担了C919机身、机翼、起落架、舱门等七大部分上百项关键件的研制生产，占整架飞机锻件的70%。

关于锻造你了解多少呢？哪些材料的可锻性好呢？

学习流程

一、确认信息

锁定锻造工艺、可锻性的话题，开始我们的任务。

二、领会任务

根据学习任务单（表5-1）内容，逐条领会学习任务。

表5-1　任务5学习任务单

姓名		日期	年　月　日　星期
任务5　锻压及可锻性探究			
序号	任务内容		
1	锻造是什么工艺？何种情况需要使用锻造成形		
2	锻造有哪几类？说说看，它们有什么不同		

（续）

序号	任务内容
3	生活中或影视中有没有见过锻造画面？说说看
4	你知道的模锻有哪些工艺？查资料分享一下
5	现代锻造技术有哪些变化？你了解现代锻造工厂的环境吗
6	锻造工艺的优缺点有哪些
7	可锻性如何衡量？材料的锻造塑性、变形抗力是什么意思
8	哪些金属可锻性好？哪些金属可锻性不好？举例说一说
9	关于锻造你想知道哪些有关的标准？在"全国标准信息公共服务平台"中输入关键词，和大家分享收获
10	分享资料来源

三、探究参考

（一）锻压

1. 锻压的含义

锻压是锻造和冲压的合称，是指对金属施加外力，使金属产生塑性变形从而改变坯料的形状和尺寸，同时改善其内部组织和力学性能，获得一定形状、尺寸和性能的毛坯或零件的成形加工方法，属于金属压力加工生产的一部分。

本任务主要探究锻造及可锻性。

各种钢和大多数非铁金属及其合金可在冷态或热态下进行锻压加工，因为锻压加工是以金属的塑性变形为基础的，它们都具有不同程度的塑性；脆性材料（如灰铸铁、铸造铜合金、铸造铝合金等）则不能进行锻压加工。

2. 锻造的含义

锻造是利用材料的可塑性并借助外力的作用，产生塑性变形获得所需形状、尺寸和一定组织性能的锻件的成形加工方法。锻件及锻造用钢锭如图 5-2 和图 5-3 所示。

图 5-2　锻件

图 5-3　锻造用钢锭

3. 锻造的分类

锻造按照所用工具及模具安置情况不同主要分为三类，如图 5-4 所示。

（1）自由锻（图 5-5）　自由锻是只用简单的通用性工具，或在锻造设备的上、下砧间直接使坯料变形而获得所需的几何形状及内部质量的锻件的方法。

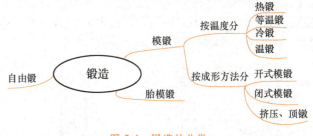

图 5-4　锻造的分类

自由锻可分为手工锻造、锤上自由锻和液压机上自由锻。锤上自由锻用于生产中小型自由锻件。液压机上自由锻用于生产大型自由锻件。与模锻相比，自由锻的生产率和尺寸精度均较低，不适用于大批生产，但在单件小批生产中，特别是大型锻件的生产中，它仍是一种最有效的成形方法。

（2）胎模锻（图 5-6）　胎模锻是在自由锻设备上使用可移动模具生产模锻件的一种锻造方法，所用的模具称为胎模。

胎模结构简单，形式多样，使用时不需要固定于上下砧块上。胎模锻是在自由锻的基础上发展起来的，其后的发展又进一步形成了模锻工艺，因此它是介于自由锻和模锻之间的一种独特工艺。

(3) 模锻（图 5-7） 模锻是利用模具使毛坯变形，从而获得锻件的锻造方法。

图 5-5 自由锻

图 5-6 胎模锻

图 5-7 模锻

1）开式模锻（图 5-8a）。开式模锻是两模间间隙的方向与模具运动方向相垂直，在模锻过程中间隙不断减小的模锻方法。在开式模锻过程中，金属在不完全受限制的模膛内变形，模具带有飞边槽以容纳多余金属，又称为有飞边模锻。开式模锻是目前应用最广泛的模锻方法，可利用锻造设备实现各类型锻件的模锻成形。

2）闭式模锻（图 5-8b）。闭式模锻是两模间间隙的方向与模具运动方向相平行，在模锻过程中间隙大小不变的模锻方法。由于闭式模锻不设置飞边槽，所以也称为无飞边模锻，适用于轴对称或近似于轴对称变形的锻件成形，目前应用较多的是短轴类回转体锻件。

模锻工艺具有高精度、高效率、节约材料、改善材料性能和适用范围广等特点，是一种重要的金属加工工艺。在现代工业生产中，模锻工艺被广泛用于汽车、航空航天、机械制造等领域。

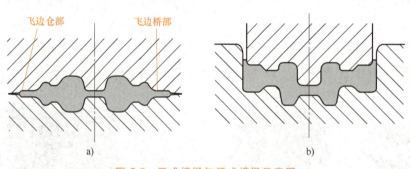

图 5-8 开式模锻与闭式模锻示意图

a) 开式模锻 b) 闭式模锻

3）挤压。挤压是金属在三个方向上不均匀压应力作用下，从模孔中挤出或流入模膛内以获得一定尺寸、形状的制品或零件的锻压工艺。采用挤压工艺不但可以提高金属的塑性，生产复杂截面形状的制品，而且可以提高锻件的精度，改善锻件的力学性能，是一种先进的少屑或无屑锻压工艺。挤压工艺有四种方式，如图 5-9 所示。

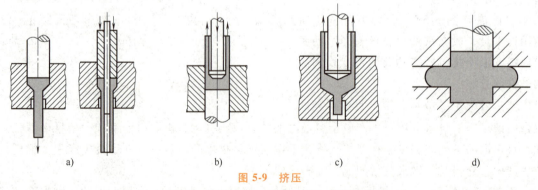

图 5-9 挤压

a) 正挤压 b) 反挤压 c) 复合挤压 d) 径向挤压

4）顶镦　顶镦是一种细长杆形坯料端部的局部镦粗工艺。顶镦可以在自由锻锤、螺旋压力机、平锻机等设备上进行。图 5-10 所示为凸模内顶镦，图 5-11 所示为凹模内顶镦。

顶镦生产率较高，生产中应用较普遍。螺钉、发动机的气阀等用顶镦生产最为适宜。

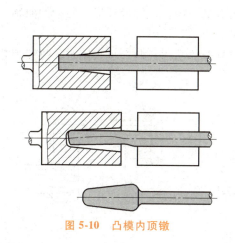

图 5-10　凸模内顶镦

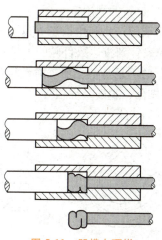

图 5-11　凹模内顶镦

一般锻件的生产工艺过程是：下料──→坯料加热──→锻造成形──→冷却──→锻件检验──→热处理──→锻件毛坯。

锻造时对金属加热的目的是增强金属的塑性，降低金属的变形抗力，高温下金属组织易于流动而易于获得良好的锻后组织。

金属在加热过程中受到加热条件的限制，可能会产生缺陷。常见的缺陷有氧化、脱碳、过热、过烧和裂纹（图 5-12）等。

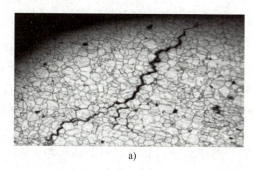

图 5-12　锻造裂纹

4. 锻造的特点及应用

1）改善金属组织，提高金属的物理、力学性能。在锻造过程中，金属经塑性变形，压合了原材料内的一些内部缺陷（如气孔、微裂纹等），晶粒得到细化，组织致密并呈流线状分布，改善和提高了材料的力学性能。

锻造流线（也称为流纹）是指在锻造时，金属的脆性杂质被打碎，并顺着金属主要伸长方向呈碎粒状或链状分布，而塑性杂质随着金属变形沿主要伸长方向呈带状分布，这样热锻后的金属组织就具有一定的方向性，其沿着流线方向（纵向）的抗拉强度较高，而垂直于流线方向（横向）的抗拉强度较低。

生产中若能利用流线组织纵向强度高的特点，使锻件中的流线组织连续分布并且与其受拉力方向一致，则会显著提高零件的承载能力。例如，吊钩采用弯曲工序成形时，就能使流线方向与吊钩受力方向一致，如图 5-13a 所示，从而可提高吊钩承受拉伸载荷的能力。

锻压成形的曲轴（图 5-13b）相对切削成形的曲轴（图 5-13c）性能更好。

2）生产率高。锻造是在高速打击力作用下使金属产生体积再分配，因而生产率非常高。以螺栓和螺母的生产为例，一台自动冷镦机的生产量，大约相当于18台自动车床的生产量。

3）材料利用率高。锻造通过坯料体积重新分配来获得所需的形状和尺寸，属于少屑、无屑加工，大大降低了材料浪费和切削加工量。特别是精密锻造，使锻件尺寸精度和表面粗糙度接近成品要求，进一步提高了材料的利用率。

4）适用范围广。利用锻造可以加工各种机械零件，从简单的螺栓、螺母到形状复杂的曲轴，从质量不足1g的表针到重达数百吨的大轴都可以制造。

5）锻造的不足是不能加工脆性材料，对于外形和内腔复杂的零件，制造也很困难。热锻工艺还会使金属产生氧化、脱碳及烧损等。

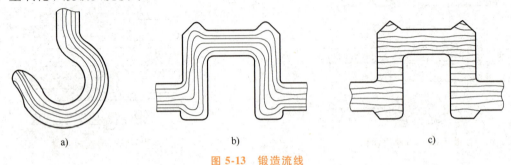

图 5-13 锻造流线

a）吊钩零件流线 b）锻压成形曲轴流线 c）切削成形曲轴流线

（二）可锻性

1. 可锻性的含义

金属的可锻性是指金属锻压加工时的难易程度，常用**塑性**和**变形抗力**两个指标来综合衡量。变形抗力是指材料单位面积对抗变形的阻力。塑性越好，变形抗力越小，则金属的可锻性就越好。金属的可锻性是其重要的工艺性能。

2. 影响金属可锻性的主要因素

影响金属可锻性的主要因素包括金属内在因素和外部变形条件。内在因素包括化学成分和组织结构。外部变形条件主要包括变形温度、变形速度和应力状态。

一般说来，纯金属的可锻性好于合金；低碳钢的可锻性好于高碳钢。含碳量相同的钢中，硅、锰、硫和磷元素含量越高，可锻性越差；含碳量相同的合金钢中，合金元素含量越高，其可锻性越差。

四、汇报展示

通过探究，你有哪些收获？整理一下，将查阅资料、阅读理解、分析归纳的结果跟大家一起分享吧！可以用思维导图展现成果，简明扼要阐述你对锻造工艺及金属材料可锻性的认识。

五、评价总结

将本次任务探究所得再次整理、回顾，进行自我评价（表5-2）汇报展示的同学还可以得到教师和同学们的点评和鼓励。

表 5-2 任务 5 评价表

指标	评分项目	自我评价	得分点	得分
知识获取	□熟悉锻造工艺的分类	□任务明确 □查阅快捷、简便 □方法有效 □信息准确	每项5分 共40分	
	□熟悉锻造工艺对金属性能的影响			
	□熟悉开式模锻和闭式模锻的区别			
	□了解常见的锻造设备			
	□熟悉常见的锻造工艺			
	□掌握可锻性的概念			
	□掌握可锻性的衡量指标			
	□了解影响可锻性的因素			

(续)

指标	评分项目		自我评价	得分点	得分
学习方法	□能从学习任务中提炼关键词		□快速 □慢速	每项4分 共12分	
	□能够发现兴趣点并查找资料				
	□能够整理重点内容				
学习能力	注意力	□持续集中　□短时集中　□易受干扰　□与阅读材料难易有关		每项4分 共28分	
	理解力	□完全理解　□部分理解　□讨论后理解　□教师讲解后理解　□仍有问题未解决			
	阅读分析	□能快速理解锻压概念　□能区别不同锻造工艺的异同 □能列举可锻性好的金属材料			
	资源整合	□文本　□图表　□陈述　□导图　□表达式　□一份清单 □系列情境			
	表达能力	□开场表述有关锻造的感性认识	教师点评：		
		□开场表述自己的见解			
		□汇报展示流程完整、内容正确			
素养提升	主动参与	□积极主动阅读、记笔记	□符合 □一般 □有进步	每项5分 共20分	
	独立性	□自觉完成任务　□需要督促			
	自信心	□文明用语、乐于教人　□若时间允许能解决　□感觉有点难			
	信息化应用	分享资源渠道与类型：			
总评：□满意　□不满意　□还需努力　□有进步				总分：	

习题测试

1.【填空】金属坯料锻前加热的目的是_____和_____，即提高金属的可锻性，从而使金属易于流动成形，并使锻件获得良好的锻后组织和力学性能。

2.【单选】下列属于自由锻造特点的是（　　）。
A. 精度高　　　B. 精度低　　　C. 生产率高　　　D. 大批生产

3.【单选】下列是锻造特点的是（　　）。
A. 省料　　　B. 生产率低　　　C. 降低力学性能　　　D. 适应性差

4.【单选】下列是模锻特点的是（　　）。
A 成本低　　　B. 效率低　　　C. 操作复杂　　　D. 尺寸精度高

5.【单选】锻造前对金属进行加热，目的是（　　）。
A. 提高塑性　　　B. 降低塑性　　　C. 增加变形抗力　　　D. 以上都不正确

6.【单选】利用模具使坯料变形而获得锻件的方法是（　　）。
A. 机锻　　　B. 手工自由锻　　　C. 模锻　　　D. 胎模锻

7.【判断】含碳量相同的低合金钢的可锻性比高合金钢好。（　　）

8.【判断】模锻工艺和模锻方法的选择与锻件的外形密切相关。（　　）

9.【判断】自由锻只适用于单件生产。（　　）

10.【判断】低碳钢的可锻性比高碳钢好。（　　）

11.【判断】铸铁不适合锻造。（　　）

拓展阅读

坐标中国，看国之重器如何用中国力度力锻金刚。央视网《动力澎湃》"大国重器第三季中国最强动力装备大巡礼"讲述更多我国自主研发模锻机的故事，请搜索观看。

任务6　焊接及焊接性探究

引导文

讨论：能把两个零件连接起来的方法有哪些？畅所欲言，尽力说出最多的办法。

请看，图6-1所示装配图由两个零件组成，它们是通过焊接工艺连接在一起的，你认识图样上的焊接符号吗？

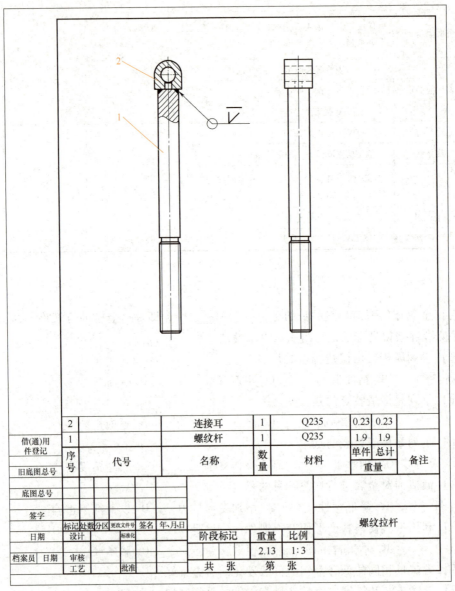

图6-1　组件装配图

在金属结构和机械零件的制造过程中，经常需要将分离的金属机件连接成整体，形成所需要的结构，其连接方法有螺纹连接、销连接、铆接（这些是属于冷加工，一般由钳工来完成的）、焊接（属于热加工，由焊工完成）等。焊接是常见的永久性连接方法。

本任务探讨焊接工艺及焊接性的问题。焊接究竟有哪些好处？使用范围为何非常广泛？焊接工艺与铸造、锻造又有什么不同呢？哪些材料适合焊接呢？带着这些问题，开始我们的探索之旅。

学习流程

一、确认信息

确认图 6-1 中有关工艺的重要信息，初次接触的组件材料非合金钢 Q235 也一并熟悉一下。

二、领会任务

逐条领会学习任务单（表 6-1）。

表 6-1 任务 6 学习任务单

姓名		日期	年 月 日 星期
任务 6 焊接及焊接性探究			
序号	任务内容		
1	焊接是什么工艺？何种情况需要使用焊接成形		
2	焊接有哪些种类		
3	焊件能用零件图来表达吗		
4	焊接工艺的优缺点有哪些？说一说		
5	对比焊接、铸造、锻造工艺的异同		
6	解释什么是材料的焊接性，并说一说如何衡量材料焊接性的好坏		
7	哪些材料焊接性好？哪些材料焊接性不好？举例说明		
8	现代焊接技术有哪些变化？你了解现代焊接工作环境吗		
9	利用互联网查阅焊工技能评定的相关文件		
10	分享资料来源		

三、探究参考

（一）焊接

1. 焊接的含义

焊接是通过加热或加压，或两者并用，并且用或不用填充材料，使焊件达到结合的一种方法。 焊接是制造业的基础工艺和技术，在各个领域，如汽车、船舶、压力容器、航空航天、电子产品、海洋钻探、高层建筑等中，都有焊接技术的应用。

焊接方法是指特定的焊接方法，如埋弧焊、气体保护焊等，其含义包括该方法涉及的冶金、电学、物理、化学及力学原则等内容。

焊接工艺是指制造焊件所有相关的加工方法和实施要求，包括焊接准备、材料选用、焊接方法选定、焊接参数、操作要求等。

焊接技能是指焊条电弧焊或焊接操作工执行焊接工艺细则的能力。

在机器无法完成焊接的情况下，焊条电弧焊技能就显得非常重要。图 6-2 所示为被称为"火箭心脏焊接人"的"全国劳模""全国技术能手""中华技能大奖获得者"高凤林。0.16mm 是火箭发动机上一个焊点的宽度；0.1s，是他完成焊接允许的时间误差。

2. 焊接分类（GB/T 3375—1994《焊接术语》）

生产上常采用的焊接方法有几十种，大致可分为

图 6-2 焊接火箭的大国工匠高凤林

熔焊、压焊和钎焊三大类。

（1）熔焊　将待焊处的母材金属熔化以形成焊缝的焊接方法称为熔焊。熔焊时利用电能或化学能使焊件接头局部熔化，然后冷却结晶，使焊件连接成一体。熔焊的分类如图6-3所示。

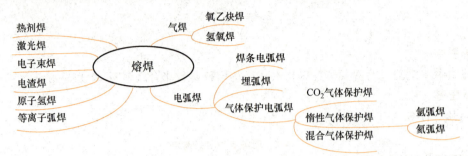

图 6-3　熔焊的分类

1）**电弧焊**。电弧焊是利用电弧作为热源的焊接方法，简称为弧焊。电弧焊是最常用的熔焊方法。电弧具有电压低、电流大、温度高、能量密度大、移动性好等优点，所以是较理想的焊接热源。

电弧焊中常见的焊条电弧焊是手工焊接，如图6-4所示。焊接时采用焊条和焊件接触引燃电弧，然后提起焊条并保持一定的距离，在焊接电源提供的合适的电弧电压和焊接电流下，电弧稳定燃烧，产生高温，焊条和焊件局部被加热到熔化状态，焊条端部熔化的金属和被熔化的焊件金属熔合在一起，形成熔池。

2）**气焊**。气焊是利用火焰作为热源的焊接法，最常用的是氧乙炔焊（图6-5）、液化气或丙烷燃气的焊接。与焊接电弧相比，气体火焰的温度较低，热量较分散。因此，气焊的生产率低，焊接变形较严重，力学性能较差。但气焊熔池温度容易控制，有利于实现单面焊双面成形，如图6-5所示的氧乙炔焊常用于薄板焊接、低熔点材料焊接、管子焊接、铸铁补焊等，在操作中需随时注意观察火焰性质的变化并及时调节氧气调节阀，以保证焊接质量和安全。

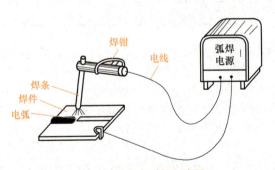

图 6-4　焊条电弧焊示意图

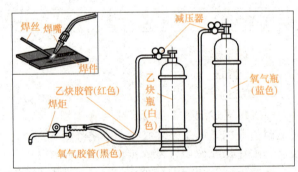

图 6-5　氧乙炔焊示意图

电弧焊中的**埋弧焊**是电弧在焊剂层下燃烧进行焊接的方法，如图6-6和图6-7所示，其引弧、焊丝送丝、移动电弧、收弧等动作一般由机械自动完成。

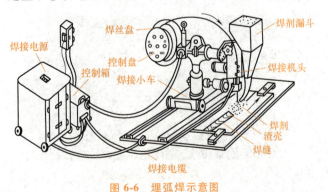

图 6-6　埋弧焊示意图　　　　　图 6-7　埋弧焊焊缝形成示意图

气体保护焊是用外加气体作为电弧介质并保护电弧和焊接区的电弧焊。常见的有 CO_2 气体保护焊、惰性气体保护焊（氩弧焊、氦弧焊）、混合气体保护焊。

利用其他热源进行焊接的方法还有等离子弧焊、电子束焊和激光焊等，大家可以查找资料广泛了解，篇幅关系不再一一展开。

（2）压焊　压焊是指在焊接过程中，必须对焊件施加压力（加热或不加热），以完成焊接的方法。压焊时加压使焊件接头产生塑性变形，连接成一体。压焊有很多类型，如图 6-8 所示。

图 6-8　压焊的分类

电阻焊是压焊中常见的焊接方法。它是焊件组合后通过电极施加压力，利用电流通过接头的接触面及邻近区域产生的电阻热进行焊接的方法。电阻焊生产率高，可以在短时间内获得焊接接头；焊接变形小，焊缝表面平整；不需要填充金属和焊剂，可焊接异种金属；没有弧光和有害辐射，易于实现自动化。缺点是设备复杂、耗电量大，焊前焊件清理要求高且对接头形式和焊件厚度有一定限制。

（3）钎焊　钎焊是硬钎焊和软钎焊的总称，是指采用比母材（被焊金属材料）熔点低的金属材料作为钎料，将焊件和钎料加热到高于钎料熔点、低于母材熔点的温度，利用液态钎料润湿母材，填充接头间隙并与母材相互扩散实现连接焊件的方法。硬钎料是指熔点高于 450℃ 的钎料，软钎料是指熔点低于 450℃ 的钎料。钎焊分类如图 6-9 所示。

图 6-9　钎焊分类

软钎焊是使用软钎料进行的焊接，硬钎焊是使用硬钎料进行的焊接。软钎焊多用于电子和食品工业中导电、气密和水密器件的焊接。常见的锡钎焊是以锡铅合金作为钎料的烙铁软钎焊。硬钎焊接头强度高，有的可在高温下工作。硬钎焊的钎料种类繁多，以铝、银、铜、锰和镍为基的钎料应用最广泛。

3. 焊接缺陷

在焊接生产过程中，由于设计、工艺、操作等各种因素的影响，往往会产生各种焊接缺陷。焊接缺陷不仅影响焊缝的美观，还有可能减少焊缝的有效承载面积，造成应力集中，引起断裂，直接影响焊接结构使用的可靠性。焊接缺陷主要包括气孔、焊瘤、裂纹、夹渣、咬边、未焊透等，如图 6-10 所示。

4. 焊接的特点

焊接成形可以节省金属材料，减轻结构重量；能以小拼大，制造重型、复杂的零件，简化铸造、锻造及切削加工工艺，可获得最佳的经济效益；焊接接头具有良好的力学性能和密封性，焊接还可以制造双金属结构，能充分利用材料性能。焊接成形广泛应用于机器制造、建筑工程、航空及航天工业等。其不足之处是焊接结构不可拆卸，给维修带来了不便；存在焊接应力、变形及焊接缺陷等。

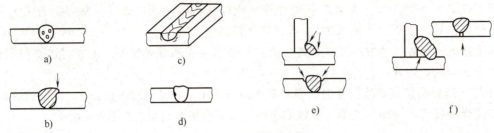

图 6-10 焊接缺陷示例

a）气孔 b）焊瘤 c）裂纹 d）夹渣 e）咬边 f）未焊透

（二）焊接性

1. 焊接性的含义

焊接性是指材料在限定的施工条件下，焊接成设计要求规定的构件，并满足预定服役要求的能力。换句话说，它是在采用一定的焊接方法、焊接材料、工艺参数及结构形式的条件下，获得优质焊接接头的难易程度，即金属材料在一定的焊接工艺条件下表现出"好焊"和"不好焊"的差别。

它包括以下两方面内容。

1）接合性能，即在一定焊接工艺条件下，金属形成焊接缺陷的敏感性（主要是对产生裂纹的敏感性）。

2）使用性能，即在一定焊接工艺条件下，金属的焊接接头对使用要求的适应性。

通常，把材料在焊接时形成裂纹的倾向及焊接接头处性能变坏的倾向作为评价材料焊接性的主要指标。

2. 影响焊接性的因素

（1）化学成分的影响 生产中常根据钢材的化学成分判断其焊接性。钢的含碳量对其焊接性的影响最明显，通常把钢中合金元素（包括碳元素）的含量按其作用换算成碳的相当含量，称为碳当量。碳当量越高，其焊接性越差。一般来说：低碳钢的焊接性优良，高碳钢的焊接性较差；铸铁的焊接性更差；合金元素对焊接性也将产生一定的影响，所以合金钢的焊接性比非合金钢差；焊接同种金属和合金时，焊接性较好；焊接异种材料时，焊接性较差。焊接性好的金属，焊接接头不易产生裂纹、气孔和夹渣缺陷，而且有较高的力学性能。

（2）焊接工艺的影响 以熔焊为例，其冶金温度高，焊接材料中的元素烧损强烈，氧化、氮化严重，易在焊缝中产生氧化物、氮化物夹渣，降低焊缝的力学性能，使其变脆；熔池体积小，冷却快，反应不平衡，成分不均匀，渣气不易浮出，形成气孔、夹渣，进一步导致焊缝力学性能下降；电离出的氢原子大量溶于金属，导致金属脆化，力学性能下降，焊接性下降。

四、汇报展示

通过探究，对焊接工艺和焊接性有了初步了解，针对任务中的问题，结合查阅的资料，将分析归纳的结果和大家一起分享吧！

五、评价总结

针对表 6-2 中的项目进行自我评价，汇报展示的同学还可以得到教师和同学们的点评和鼓励。

表 6-2 任务 6 评价表

指标	评分项目	自我评价	得分点	得分
知识获取	□熟悉焊接的概念	□任务明确 □查阅快捷、简便 □方法有效 □信息准确	每项 5 分 共 40 分	
	□熟悉焊接方法的分类			
	□熟悉焊接工艺的优缺点			
	□熟悉熔焊、压焊、钎焊			
	□了解焊接缺陷			
	□掌握材料焊接性的概念			
	□熟悉焊接性的衡量指标			
	□熟悉影响焊接性的因素			

(续)

指标	评分项目		自我评价	得分点	得分
学习方法	□能从学习任务单中提炼关键词		□快速 □慢速	每项4分 共12分	
	□能够仔细阅读并理解所查资料内容				
	□能够划出重点内容				
学习能力	注意力	□持续集中　□短时集中　□易受干扰　□与阅读材料难易有关		每项4分 共28分	
	理解力	□完全理解　□部分理解　□讨论后理解　□教师讲解后理解　□仍有问题未解决			
	阅读分析	□能依据材料的含碳量判断焊接性　□能归纳本次任务学习重点			
	资源整合	□文本　□图表　□陈述　□导图　□表达式　□一份清单　□系列情境			
	表达能力	□开场讲述有条理	教师点评：		
		□汇报展示流程完整、内容正确			
		□口齿清楚、声音洪亮			
素养提升	主动参与	□积极主动阅读、记笔记	□符合 □一般 □有进步	每项5分 共20分	
	独立性	□自觉完成任务　□需要督促			
	自信心	□文明用语、乐于教人　□若时间允许能解决　□感觉有点难			
	信息化应用	分享资源渠道与类型：			
总评：□满意　□不满意　□还需努力　□有进步				总分：	

习题测试

1. 【填空】生产中常采用的焊接方法有几十种，大致可分为_____、_____和钎焊三大类。
2. 【填空】一般来讲，金属材料碳当量越高，焊接性越_____。
3. 【填空】常见的焊接缺陷有_____、_____、_____、咬边、焊瘤、未焊透等。
4. 【单选】碳的质量分数（　　）时，钢的淬硬冷裂倾向不大，焊接性优良。
   A. 小于0.40%　　B. 小于0.60%　　C. 小于0.50%　　D. 小于0.80%
5. 【单选】下列不属于熔焊的是（　　）。
   A. 电弧焊　　B. 气焊　　C. 电阻焊　　D. 激光焊
6. 【单选】低合金结构钢焊接时，过大的焊接热输入会降低接头的（　　）。
   A. 抗拉强度　　B. 冲击性　　C. 冲击韧性　　D. 疲劳强度
7. 【单选】（　　）不是影响焊接性的因素。
   A. 金属材料的种类及其化学成分　　B. 构件类型
   C. 焊接方法　　D. 焊接操作技术
8. 【判断】焊前预热既可以防止产生热裂纹，又可以防止产生冷裂纹。（　　）
9. 【判断】焊缝金属的力学性能和焊接热输入量无关。（　　）
10. 【判断】焊接是一种可拆卸的连接方式。（　　）

拓展阅读

你知道我国高校第一个焊接专业是谁筹建的吗？你听过为中国创造了无数个第一，科研成果价值千亿元，但自己的交通工具却是一辆破自行车，而这辆破自行车和骑车的老人，却成为清华校园里最靓丽风景的故事吗？你知道为中国高铁、中国核电解决关键焊接工艺的人是谁吗？对，所有问题的答案都集中到一位让人尊敬的科学工作者身上：潘际銮院士。若想了解更多潘院士的感人事迹，清华大学官网校史馆"史海钩沉"中"潘际銮与中国高校焊接专业的创建"一文如数家珍，为你娓娓道来。

任务7 切削加工及切削加工性探究

引导文

把一个零件毛坯变成一个符合图样尺寸及精度要求的零件，很多时候是需要进行切削加工的。你所知道的切削加工有哪些呢？说说看。

高职毕业不久的小王正焦急等待着师傅的到来，他今天工作很不顺利，早上送过来的铸铁毛坯特别难加工，不但效率低，还打了两把刀（刀具刃部断裂），不得不停下来等师傅。他记得同样的铸铁毛坯，以往干得特别顺手，今天不知哪个环节出现了问题。师傅来了以后，经检查发现这批铸铁毛坯漏掉了退火工序，导致加工环节出现状况。小王纳闷：退火工序改变了什么，使得切削加工得以顺利进行？

学习流程

一、确认信息
确认小王遇到的问题和任务主要解决的问题。

二、领会任务
逐条领会学习任务单（表7-1），弄清影响零件切削加工难易程度的因素并确定探究的内容。

表7-1 任务7学习任务单

姓名		日期	年 月 日 星期
任务7 切削加工及切削加工性探究			
序号	任务内容		
1	说一说什么是增材制造，什么是减材制造。切削加工属于哪种制造方式		
2	刀具为何要比工件硬？说一说理由		
3	切削加工过程中经常使用切削液，它的作用主要是什么		
4	切削热的来源有哪些		
5	弹性变形和塑性变形有什么区别？在切削过程中，工件（非脆性材料）主要发生什么样的变形？刀具又发生了怎样的变形		
6	主运动和进给运动的区别是什么？哪个运动消耗的功率大		
7	车削和铣削的区别有哪些		
8	钳工的工作内容包括哪些		
9	机床的导轨为何需要钳工进行刮削		
10	为了降低工件的硬度，通常在机加工之前安排什么热处理工序		
11	在"国家标准化管理委员会"网站中搜索"切削"，查阅感兴趣的标准		
12	分享资料来源		

三、探究学习

（一）切削加工

1. 切削加工的含义

切削加工是利用刀具和工件做相对运动，从毛坯上切除多余的金属，使工件获得完全符合图样要求的尺寸精度、形状精度、位置精度和表面粗糙度的一种方法。

2. 切削加工能进行的条件

首先，刀具切削刃的硬度要比工件硬度高。这一点是显而易见的，当刀具与工件接触进行切削时，在切削力的作用下，硬度低的一方将发生塑性变形，如果刀具比工件软，那么破坏的将是刀具。

其次，切削温度在合适的范围内。切削过程中产生的大量切削热会使温度升高，如果温度过高会导致刀具急剧磨损，从而使切削难以为继。机加工过程中常使用切削液，很重要一个目的就是冷却。

3. 切屑类型

对于塑性材料来说，我们能观察到切屑从毛坯上被剥离后产生了较大的塑性变形，说明毛坯在刀具的作用下部分材料发生塑性变形（主要是剪切滑移）直至断裂成了切屑。切削热的来源不仅有刀具与切屑的摩擦，塑性变形所产生的热量也是切削热很重要的一个来源。从切屑的形态上来看，不同的切削参数可使塑性材料形成带状切屑、挤裂切屑、单元切屑，如图7-1a～c所示。

对于脆性材料来说，切屑在破裂前变形很小，它的脆断主要是由于材料所受应力超过了它的抗拉强度，形成的切屑是崩碎切屑，如图7-1d所示。

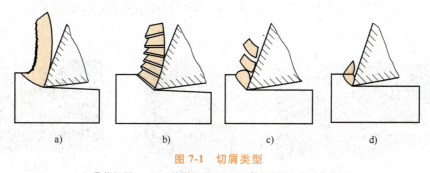

图7-1 切屑类型

a）带状切屑　　b）挤裂切屑　　c）单元切屑　　d）崩碎切屑

以上是四种典型的切屑，但加工现场获得的切屑，其形状是多种多样的。在现代切削加工中，切削速度与金属切除率达到了很高的水平，切削条件很恶劣，常常产生大量"不可接受"的切屑。切屑控制（又称为切屑处理，工厂中一般简称为"断屑"）是指在切削加工中采取适当的措施来控制切屑的卷曲、流出与折断，使其形成"可接受"的良好屑形。

4. 切削加工的主要方法

首先明确主运动与进给运动。

主运动是使工件与刀具产生相对运动以进行切削的最基本运动。主运动的速度最高，所消耗的功率最大。在切削加工中，主运动只有一个。它可以由工件完成，也可以由刀具完成；可以是旋转运动，也可以是直线运动。

进给运动是与主运动配合，以便重复或连续不断地切下切屑，从而形成所需工件表面的运动。进给运动一般速度较低，消耗的功率较少，可由一个或多个运动组成，可以是连续的也可以是中断的。

根据主运动和进给运动的概念，试判断如图7-2所示切削运动的主运动和进给运动，图中灰色部分为工件。

认真思考如图7-2所示各种切削运动。

可以这样理解，主运动就是切下切屑的最基本运动，进给运动是使工件切削层不断地投入切削的运动。因此，图7-2中标记"Ⅰ"的运动是主运动，标记"Ⅱ"的运动是进给运动。

切削加工方法主要有以下几种。

（1）车削　如图7-3和图7-4所示，车削加工时以主轴带动工件的旋转为主运动，以刀具的直线运动为进给运动。车削加工是机械加工方法中应用最为广泛的方法，可用于轴类、盘套类零件的内外圆柱表面、圆锥面、台阶面及各种成形回转面的加工。车削加工的设备是车床（普通、数控）。

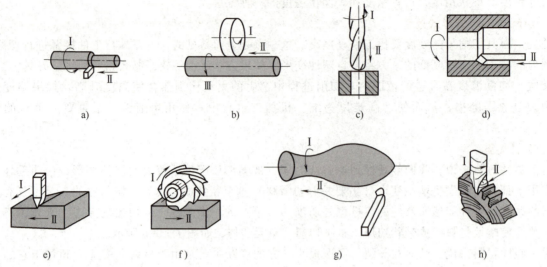

图 7-2 常见的切削运动

a) 车外圆面 b) 磨外圆面 c) 钻孔 d) 在车床上镗孔 e) 刨平面 f) 铣平面
g) 车成形面 h) 铣成形面

图 7-3 车削加工

a) 车外圆 b) 车内孔 c) 车螺纹

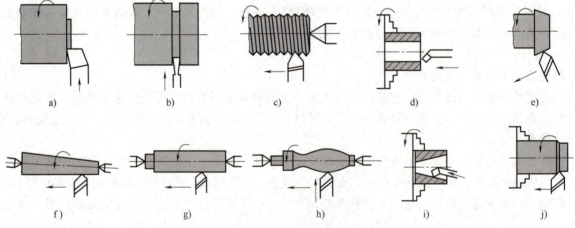

图 7-4 车削加工示意图

a) 车端面 b) 车槽或切断 c) 车螺纹 d) 车内孔 e) 车短圆锥 f) 车长圆锥
g) 车长外圆 h) 车成形面 i) 车内螺孔 j) 车短外圆

(2) 铣削 在铣削加工中，铣刀的旋转运动为主运动，工件的直线运动或回转运动为进给运动，如图 7-5 所示。铣削加工应用也非常广泛，可加工零件的平面、台阶面、沟槽、成形表面等。铣削用的设备是铣床（普通、数控）。

(3) 刨削、插削 在刨削和插削加工中，刀具的直线往复运动为主运动，工件的直线运动为进给

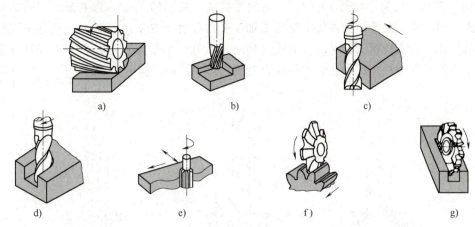

图 7-5 铣削加工示意图

a）铣平面　b）铣台阶　c）铣立面　d）铣内曲面　e）铣外曲面　f）铣齿　g）铣槽

运动，区别是刨削的主运动为水平方向（图 7-6），而插削的主运动为竖直方向。刨削和插削是加工平面和沟槽的常用方法。刨削所用的设备是牛头刨床（普通、数控）和龙门刨床（普通、数控）。

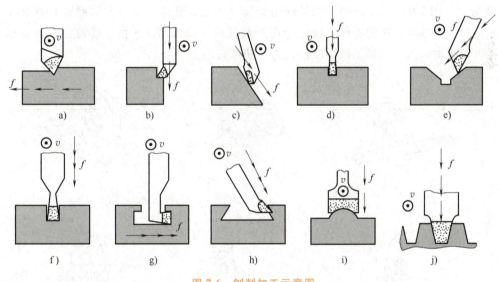

图 7-6 刨削加工示意图

a）刨水平面　b）刨垂直面　c）刨斜面　d）刨直角　e）刨 V 形槽　f）刨直角槽
g）刨 T 形槽　h）刨燕尾槽　i）成形刀刨成形面　j）成形刀刨齿面

插削相当于立式刨削，其主运动是刀具的上下往复直线运动，进给运动根据情况可以是工作台（工件）的横向、纵向或间歇回转运动。插削主要加工刨削或其他切削方式不好加工的型面，如内表面键槽、曲面孔、方孔、长方孔、多边形孔等，如图 7-7 所示。

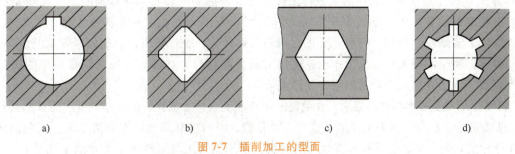

图 7-7 插削加工的型面

a）插键槽　b）插方孔　c）插多边形孔　d）插内花键

（4）钻削、扩削、铰削　如图7-8所示，钻削、扩削、铰削的主运动为主轴的回转运动，进给运动为沿主轴的轴向运动。此类加工方法主要用于加工孔。钻孔是在实体材料上一次钻成孔的工序，钻孔加工的孔精度低，表面较粗糙；对已有的孔（铸孔、锻孔、预钻孔）进行扩大以提高其精度或降低其表面粗糙度值的工序为扩孔；铰孔是利用铰刀对孔进行半精加工和精加工的工序。

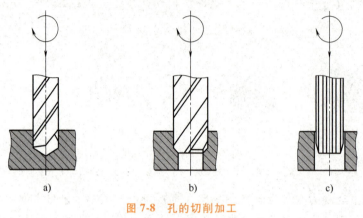

图7-8　孔的切削加工
a）钻孔　b）扩孔　c）铰孔

（5）磨削　如图7-9所示，磨削加工是利用磨具（砂轮、砂带、油石和研磨料）作为工具对工件表面进行加工的。磨削可加工的工件表面包括内外圆柱面、圆锥面、平面、螺旋面、齿面以及各种成形表面，还可以刃磨刀具。其加工范围广泛，加工精度高。

图7-9　磨削加工示意图
a）磨外圆　b）磨内圆　c）磨平面　d）磨螺纹　e）磨齿轮齿形　f）磨花键

（6）钳工　钳工是以手工操作为主进行工件加工、产品装配及零部件修理的，在机械制造和机械装配中占有重要的位置。钳工加工工作多种多样，工作范围有划线、制作样板、锯削、錾削、锉削、钻孔、攻螺纹、套螺纹、刮削、研磨、矫正、弯曲、铆接等，也包括机器的装配、调试及设备的维修。

可以看出，钳工的很大一部分工作也是使用刀具去除材料，与机加工的区别是钳工的操作都是通过手工完成的。下面介绍几个常见的钳工工作内容。

1）划线。划线是根据零件图要求，在毛坯或半成品上划出加工界线的操作。划线的目的是确定工件上各加工表面的加工位置，作为工件加工或装夹的依据；及时发现和处理不合格毛坯，以免造成更大的浪费；在型材上划线，按划线下料可有效利用材料。常用划线工具包括用于支承的工作平台、方箱、V形铁、千斤顶、垫铁等，用于划线的划针和样冲，用于测量的钢直尺、直角尺、游标高度卡尺等。

2)锉削。锉削是用锉刀对工件表面进行加工的,由锉刀面上的锉齿完成。按齿纹密度不同,锉刀可分为粗齿锉、中齿锉、细齿锉、油光锉。粗齿锉用来进行粗加工及非铁金属的加工,细齿锉用来锉光表面或锉硬材料,油光锉用于表面修光。

3)刮削。刮削是用刮刀从工件表面上刮去极薄一层金属的钳工操作。经刮削的表面其表面粗糙度值小,属于精加工工艺。刮削不仅能提高零件的接触表面质量和配合精度,还能改善零件运动性能和减少磨损,延长零件的使用寿命。刮刀硬度高,常用的有平面刮刀和三棱刮刀。平面刮刀常用于机床导轨、托板等平面的加工;三棱刮刀用于修整曲面工件,如滑动轴承的轴瓦等。

钳工虽然是手工操作,但很多工作却是精加工,某些加工精度的要求比数控机床还要高得多,且有些加工只能由钳工完成,因此对钳工技能的要求是非常高的,往往需要勤学苦练,拿出十年磨一剑的精神才能把钳工的工作做好。

(二)切削加工性

1. 切削加工性的含义

金属材料进行切削加工时的难易程度称为材料的切削加工性或可加工性。不同的工件材料,加工的难易程度也不相同。例如:切削铜、铝等非铁金属时,切削力小,切削很轻快;切削碳素钢比合金钢容易些;切削不锈钢、钛合金和高温合金等困难就很大,刀具磨损也比较严重。

2. 切削加工性的衡量指标

金属材料的切削加工性比较复杂,很难用一个指标来评定,通常用以下四个指标来综合评定,即切削时的切削抗力、刀具的使用寿命、切削后的表面粗糙度值及断屑情况。如果一种材料在切削时的切削抗力小,刀具寿命长,表面粗糙度值小,断屑性好,则表明该材料的切削加工性好。另外,也可以根据材料的硬度和韧性做大致的判断。硬度为170~230HBW并有足够脆性的金属材料,其切削加工性良好;硬度和韧性过低或过高,切削加工性均不理想。

3. 用热处理改善切削加工性的方法

在机加工过程中,大多数铸造或锻造后的毛坯是不适合直接进行机加工的,需要进行退火或正火处理,将硬度降低到合适的范围才具有良好的切削加工性,进而提高生产率和降低成本。退火或正火工艺将在模块3任务19中介绍。

四、汇报展示

从学习任务单中抽取素材进行组合,形成汇报材料。采用适当的方式进行汇报。汇报方式可参考表7-2中的"资源整合"。

五、评价总结

将本次任务探究所得再次整理、回顾,进行自我评价(表7-2),汇报展示的同学还可以得到教师和同学们的点评和鼓励。

表7-2 任务7评价表

指标	评分项目	自我评价	得分点	得分
知识获取	□掌握切削加工的概念	□内容熟练 □查阅快捷、简便 □方法有效 □信息准确	每项5分 共40分	
	□掌握切削加工的必要条件			
	□掌握切削加工的变形特征			
	□掌握机械加工的主要加工方法			
	□掌握钳工的工作内容			
	□熟悉钳工工作的特点			
	□掌握切削加工性的含义			
	□熟悉适合切削加工的硬度范围			

（续）

指标	评分项目		自我评价	得分点	得分
学习方法	□能从学习任务单中提炼关键词		□快速 □慢速	每项4分 共12分	
	□能够仔细阅读并理解所查资料内容				
	□能够划出重点内容				
学习能力	注意力	□持续集中　□短时集中　□易受干扰　□与阅读材料难易有关		每项4分 共28分	
	理解力	□完全理解　□部分理解　□讨论后理解　□教师讲解后理解 □仍有问题未解决			
	阅读分析	□能理解常见的切削加工方法　□能归纳本次任务学习重点			
	资源整合	□文本　□图表　□陈述　□导图　□表达式　□一份清单 □系列情境			
	表达能力	□开场讲述有条理	教师点评：		
		□汇报展示流程完整、内容正确			
		□口齿清楚、声音洪亮			
素养提升	主动参与	□积极主动阅读、记笔记	□符合 □一般 □有进步	每项5分 共20分	
	独立性	□自觉完成任务　□需要督促			
	自信心	□文明用语、乐于教人　□若时间允许能解决　□感觉有点难			
	信息化应用	分享资源渠道与类型：			
总评：□满意　□不满意　□还需努力　□有进步				总分：	

习题测试

1.【填空】切削加工是利用刀具和工件做相对运动，从毛坯上_____多余的金属，使工件获得完全符合图样要求的尺寸精度、形状精度、位置精度和表面粗糙度的一种方法。

2.【填空】金属材料进行切削加工时的_____称为材料的切削加工性或可加工性。

3.【单选】使工件与刀具产生相对运动，且速度最高，所消耗的功率最大的运动称为（　　）。
   A. 进给运动　　　　　B. 主运动　　　　　C. 直线运动

4.【单选】主轴带动工件的旋转为主运动，刀具的直线运动为进给运动的切削加工是（　　）。
   A. 车削　　　　　　　B. 铣削　　　　　　C. 钻削

5.【多选】加工孔可以采用的加工方法是（　　）。
   A. 车削　　　　　　　B. 铣削　　　　　　C. 钻削

6.【判断】钳工是以手工操作为主进行工件加工，精度不高，只能算作粗加工。（　　）

7.【判断】切削温度过高会导致刀具快速磨损。（　　）

8.【判断】铸造的毛坯一般在机加工前进行退火处理。（　　）

9.【判断】切削热仅仅是由刀具与切屑摩擦而产生的。（　　）

拓展阅读

切削加工是获得高精度零件的重要加工方法，在某些情况下，甚至是必经之路。要实现高精度的切削加工，除了采用先进的数控机床外，人的技术、技能也是非常重要的因素，这也是各位同学可以努力专精的方向。大家可以搜索第45届世界技能大赛数控铣项目冠军田镇基勤学苦练的故事，希望大家以此自勉，肩负起技能强国的历史使命。

模块1 金属材料性能探究

任务8 粉末冶金工艺探究

引导文

前面探究了材料的力学性能、成形工艺及相应的工艺性能，开场没有演讲过的同学，争取突破一下，整理所学内容做个展示汇报。

小王在卧式车床加工实训时，从教师那里领到了一把车刀，认真观察之后发现，车刀刃部和刀体是两种不同的材料，且不知如何被连接在一起的。他利用互联网查阅了资料，有了初步想法之后，便去找教师求证，果然不同，教师说切削刃处的材料是硬质合金，属于粉末冶金材料。他回想了一下学过的成形工艺，又问："这种硬质合金是铸造的还是锻造的呢？"教师说都不是，是烧结出来的。小航觉得很新奇，烧结出来的材料，居然足够硬到可以做刀具。

学习流程

一、确认信息

确认小王遇到的问题以及任务主要解决的问题。

二、领会任务

逐条领会学习任务单（表8-1），锁定"粉末冶金"材料，明确探究内容。

表8-1 任务8学习任务单

姓名		日期	年 月 日 星期
任务8 粉末冶金工艺探究			
序号	任务内容		
1	你能找出哪些工作和生活中的粉末冶金产品		
2	粉末冶金是否适合批量生产		
3	熔炼法指的是什么方法？和前面学过的哪种制造方法有关联		
4	粉末冶金工艺包含哪几个工序		
5	粉末经过压制后，体积会如何变化		
6	粉末在模具中压制成形，成形后的压坯却放不回模具里面了，是什么原因		
7	粉末烧结时，基体金属是否会熔化		
8	压坯经过烧结后，为何强度增加了		
9	电工使用电烙铁进行的锡钎焊算不算钎焊		
10	在"国家标准化管理委员会"网站中搜索"粉末冶金"，寻找感兴趣的标准		
11	分享资料来源		

三、探究学习

（一）常见的粉末冶金材料制品

由于粉末冶金技术可以实现复杂零件的低成本制造，因此其在工业中得到了广泛的应用。机加工所使用的刀具、煤岩切割刀具、制动摩擦片、汽车发动机连杆、汽车齿轮、形状复杂的小型零件等都有粉末冶金材料制品，如图8-1所示。

（二）粉末冶金的含义

粉末冶金是通过制取粉末，并用粉末（金属粉末或金属粉末与非金属粉末的混合物）作为原料，经过压制成形和烧结，制造金属材料、复合材料以及各种类型制品的工艺技术。由于粉末冶金技术的

工程材料与热处理

图 8-1 粉末冶金制品

a) 机加工刀具 b) 煤岩切割刀具 c) 制动摩擦片 d) 汽车发动机连杆 e) 汽车齿轮 f) 形状复杂的小型零件

优点，它已成为解决新材料问题的钥匙，在新材料的发展中起着举足轻重的作用。

（三）粉末冶金技术的特点

1）效率高，成本低。在制造机械零件方面，粉末冶金是一种少屑或无屑的新工艺，可以大大减少机加工量，节约金属材料，提高劳动生产率。

2）可生产难熔金属材料。对于钨、钼等一系列难熔金属，虽然可以用熔炼法制造，但所制产品比粉末冶金制品的晶粒要粗、性能要低。

3）能生产各种复合材料，如金属陶瓷、纤维强化复合材料等。

4）能生产普通熔炼法无法生产的材料，如各种多孔材料、金属和非金属组成的摩擦材料、纤维强化复合材料等。

5）能保证材料成分配比正确、均匀。

（四）粉末冶金的工艺过程

粉末冶金工艺主要包括粉末的制备、粉末的压制成形、粉末的烧结以及烧结后处理四个工序，需要用到以下设备：

粉末制备设备包括球磨机、高能球磨机、气流磨机等，用于制备原始粉末。

粉末成形设备包括注射成形机、压力机、挤压机、热压机等，用于将粉末压制成所需形状。

烧结设备包括热处理炉、真空炉等，用于将压制后的粉末进行烧结，使其成为实际可用的材料。

检测设备包括拉伸试验机、硬度计、显微镜等，用于检测所制备的粉末冶金件的性能和质量。

根据粉末冶金工艺的流程和所制备的材料类型不同，需要的设备有所不同。

1. 粉末的制备

粉末的制备是粉末冶金的第一个重要工序。生产粉末的方法有很多，这里仅介绍机械粉碎法。机械粉碎法是制取脆性材料粉末的经典方法。机械粉碎是靠压碎、碰撞、击碎和磨削等作用，将粗颗粒金属或合金机械地粉碎成粉末的过程。机械粉碎法的常用设备是球磨机，如图 8-2 所示。球磨机中有一个绕水平轴转动的滚筒，其中有一定数量的钢球，其基本工作原理是滚筒在适宜的转速下将钢球带至较高的位置，然后在重力作用下掉下来，造成钢球的一个抛落效果，球不断落下时的冲击作用造了物料的粉碎，如图 8-3 所示。

模块1　金属材料性能探究

图 8-2　球磨机

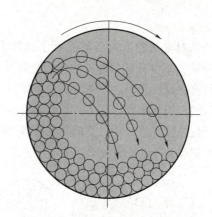

图 8-3　球磨机基本工作原理

2. 粉末的压制成形

粉末的压制成形是通过外加压力把粉末压制成所需几何形状且具有一定密度的过程。粉末的压制成形是粉末冶金工艺过程的第二道基本工序，是使金属粉末密实成具有一定形状、孔隙度和强度坯块的工艺过程（图 8-4）。在压制过程中，第一个阶段是粉末的位移，也就是粉末颗粒的重排，粉末体内的孔洞遭到破坏，粉末颗粒彼此填充孔隙，重新排列位置，接触面积增大。随着压力的进一步增加，进入第二个阶段，即粉末的变形阶段，包括弹性变形和塑性变形，塑性变形增大了粉末颗粒间的接触面积，产生更为致密的结构。对于脆性粉末，如 WC、Mo_2C 等材料，塑性变形较小，主要是脆性断裂。由于存在弹性变形，压制结束后，粉末压坯会有微量的回弹。经过压制的压坯具有固定的形状，而不是可以流动的粉末，是因为通过压制，粉末颗粒之间由于位移和变形可以互相楔住和勾连，从而形成粉末颗粒之间的机械啮合，从而使压坯具有了一定的强度。另外，由于粉末颗粒彼此接近，当进入引力范围之内时，粉末颗粒便由于引力作用而连接起来，粉末的接触区域越大，压坯强度就越高。为了使压坯呈现一定的形状，粉末一般需在特定的模具中压制成形，一般采用钢制模具。图 8-5 所示为某一复杂零件的粉末压制钢模。图 8-6 所示为粉末冶金压力机。

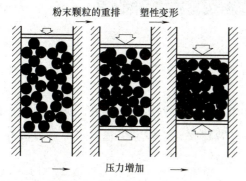

图 8-4　金属粉末压制过程

图 8-5　某一复杂零件的粉末压制钢模

图 8-6　粉末冶金压力机

3. 粉末的烧结

烧结是对金属粉末的压坯在低于基体金属熔点下进行加热，粉末颗粒之间产生原子扩散、固溶、化合和溶接，致使压坯收缩并强化的过程。烧结是粉末冶金生产过程中最基本的工序之一，对最终产品的性能起着决定性作用。粉末压坯经烧结后，烧结体强度增加是因为颗粒间的连接强度增大，即连接面上原子间的作用力增大。图 8-7 所示为烧结过程的模型。粉末压制时，颗粒之间存在如图 8-7a 所示的接触点，当烧结发生后，颗粒之间相互接触的烧结颈长大，接触点处都会形成晶界，代替粉末颗粒固-气界面。经历如图 8-7b、c 所示的烧结颈的长大后，最终合并为一个单一的颗粒，如图 8-7d 所示。

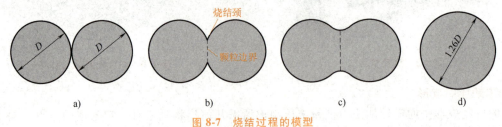

图 8-7　烧结过程的模型

a) 初始点接触　b) 早期烧结颈长大　c) 后期烧结颈长大　d) 合并

4. 烧结后处理

烧结后处理通常包括表面处理、浸渍处理、阳极化处理、喷砂与摩擦抛光处理、探伤检查等工艺过程，目的是进一步提高烧结产品的性能，提高产品的尺寸精度。图 8-8 所示为烧结炉。

图 8-8　烧结炉

（五）粉末冶金刀头与刀体的连接

1. 使用紧固件进行连接

由于粉末冶金刀头材料为硬质合金，硬度极高，无法用机加工的方法完成钻孔，所以刀头上的安装结构必须在烧结前制取压坯时制作出来。图 8-9 所示为可转位车刀，粉末冶金刀头上设有通孔，可用螺钉固定到刀体上。

2. 钎焊

除了使用紧固件进行连接外，钎焊常被用来实现硬质合金刀头与刀体的永久性连接。常用于焊接硬质合金刀头与刀体的钎料为铜基钎料，如图 8-10 所示钎焊车刀，结合处的金黄色物质便是这种钎料。

 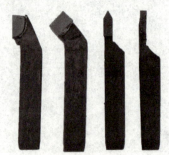

图 8-9　可转位车刀　　　　　　　　图 8-10　钎焊车刀

四、汇报展示

从学习任务单中抽取素材进行组合，形成汇报材料。采用适当的方式进行汇报。汇报方式参考表 8-2 中的"资源整合"。

五、评价总结

汇报展示之后，请完成表 8-2，进行自我评价。

表 8-2 任务 8 评价表

指标	评分项目		自我评价	得分点	得分
知识获取	□熟悉粉末冶金工艺在生产中的应用		□内容熟练 □查阅快捷、简便 □方法有效 □信息准确	每项 5 分 共 40 分	
	□掌握粉末冶金的基本工艺步骤				
	□熟悉粉末冶金工艺的技术特点				
	□了解粉末冶金用设备				
	□掌握压制成形的基本过程				
	□了解压制成形过程中压坯的物理变化				
	□熟悉烧结增加压坯强度的原理				
	□熟悉硬质合金刀头与刀体的连接方法				
学习方法	□能从学习任务单中提炼关键词		□快速 □慢速	每项 4 分 共 12 分	
	□能够仔细阅读并理解所查资料内容				
	□能够划出重点内容				
学习能力	注意力	□持续集中 □短时集中 □易受干扰 □与阅读材料难易有关		每项 4 分 共 28 分	
	理解力	□完全理解 □部分理解 □讨论后理解 □教师讲解后理解 □仍有问题未解决			
	阅读分析	□能理解烧结改善零件性能 □能理解粉末冶金制品的优点 □能归纳本次任务学习重点			
	资源整合	□文本 □图表 □陈述 □导图 □表达式 □一份清单 □系列情境			
	表达能力	□开场总结前面所学	教师点评：		
		□开场表述正确、声音洪亮			
		□汇报展示流程完整、内容正确			
素养提升	主动参与	□积极主动阅读、记笔记	□符合 □一般 □有进步	每项 5 分 共 20 分	
	独立性	□自觉完成任务 □需要督促			
	自信心	□文明用语、乐于教人 □若时间允许能解决 □感觉有点难			
	信息化应用	分享资源渠道与类型：			
总评：□满意 □不满意 □还需努力 □有进步				总分：	

习题测试

1. 【填空】粉末冶金工艺主要包括_____、_____、_____以及_____四个工序。
2. 【单选】下列选项不是粉末冶金技术特点的是（　　）。
   A. 可生产复合材料　　B. 可生产难熔金属材料　　C. 产品强度低，成本高
3. 【单选】粉末冶金加工的（　　）工序后会产生压坯的回弹。
   A. 粉末的压制成形　　B. 粉末的烧结　　C. 烧结后处理
4. 【多选】在压制过程中，粉末会产生的变化是（　　）。
   A. 弹性变形　　B. 塑性变形　　C. 断裂
5. 【判断】球磨机加工时，速度越快、物料粉碎效果越好。（　　）

6. 【判断】硬质合金材料可以直接进行电焊。（　　）
7. 【判断】压坯经烧结后强度得到了提高。（　　）
8. 【判断】粉末经过压制变成压坯后具有了特定的形状，但强度还很低。（　　）
9. 【判断】钎焊也是一种粉末冶金工艺。（　　）

拓展阅读

对粉末冶金有兴趣的同学可查阅国家标准 GB/T 4309—2009《粉末冶金材料分类和牌号表示方法》，看看有哪些牌号。

M42 金属锯条是一种高科技产品，一般由钢带和硬质合金齿片组成（思考一下，为何不能整个锯条都用硬质合金），用于切割钢材、非铁金属、木材等。该产品一直依赖进口，国内市场长期被国外垄断，天工国际有限公司经过长期攻关，终于掌握了这一产品的关键技术，实现了批量化生产。

模块 2

常用工程材料的辨识

模块先导

俗话说："物以类聚，人以群分"，材料也是如此。国家标准中按照化学成分、质量等级和主要性能或使用特性对钢进行了系统的分类及牌号的规定；对其他金属及合金、非金属和粉末冶金材料的分类、牌号也有具体的规定。本模块中将认识各类常用工程材料的牌号，并与材料性能结合起来，了解材料在国家建设中的用处。

常用工程材料的辨识，是让我们通过对工程材料分类、牌号的探究学习，判断零件或物品的材料类别及性能特点，用以指导生产、加工。

材料的辨识分为金属材料的辨识和非金属材料的辨识，如模块 2 导图 1 所示。

模块 2 导图 1　常用工程材料的辨识

常用工程材料有哪些呢？其大致的分类如模块 2 导图 2 所示。

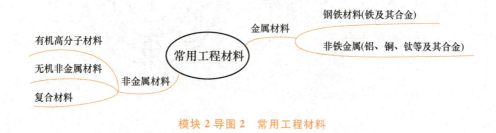

模块 2 导图 2　常用工程材料

项目 3　金属材料的辨识

项目导读

金属材料是一个大家族。它是指具有光泽、延展性、容易导电、传热等性质的材料。金属材料一般分为钢铁材料和非铁金属两种。钢铁材料又称为黑色金属，广义的钢铁材料还包括铬、锰及其合金。非铁金属是除铁、铬、锰以外的所有金属及其合金，也称为有色金属。由于科学技术的进步，各种新型化学材料和新型非金属材料不断涌现并得到广泛应用，使钢铁材料的代用品不断增多，对钢铁材料的需求量相对下降。但迄今为止，钢铁材料在工业原材料的构成中依然保持着主导地位。

本项目主要辨识的材料如项目 3 导图所示，其中非合金钢、低合金钢、合金钢、铸铁及铸钢属于钢铁材料，高温合金中的铁基高温合金属于钢铁材料，其他高温合金和铝合金属于非铁金属。

金属材料牌号的辨识及其应用是任务的重点。

项目3导图 主要内容

任务9 非合金钢的辨识

引导文

利用5min的时间完成以下两件事：①说一说前面八个任务解决了什么问题；②说一说你所知道的钢种。争取汇报机会，超越自己的时刻又来了！

接下来看图9-1，想象一下，现在要按照图样的要求将零件加工出来。拿到图样，首先应该了解什么信息？想一想，可以和同桌讨论。请继续保持好奇心，让我们认识各种常见的工程材料吧。

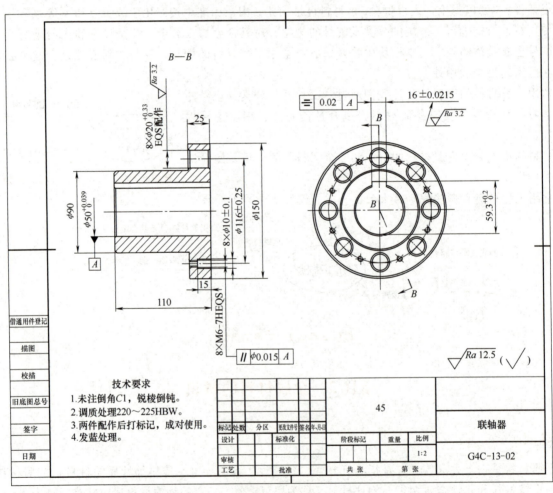

图9-1 零件图

学习流程

一、确认信息

确认如图9-1所示标题栏中的材料信息，开始我们的任务。

二、领会任务

逐条领会学习任务单（表9-1）。

表9-1 任务9学习任务单

姓名		日期	年 月 日 星期
任务9 非合金钢的辨识			
序号	任务内容		
1	材料是什么？材料有哪几种分类？告诉同桌或自己		
2	说一说材料的重要性。放眼四周，你看到的材料有哪些？说出来		
3	写出钢按照化学成分分为几类		
4	写出Q235是哪一类钢		
5	写出并讲解Q235的牌号含义，"235"表示什么		
6	写出Q235的用途		
7	45、65属于什么钢（结论不唯一，可从化学成分、含碳量和用途的角度分类）		
8	说一说45钢的性能特点，"45"表示的意义		
9	T7、T11、T8A各是什么材料？牌号的意义是什么？它们的用途是什么		
10	在"全国标准信息公共服务平台"中如何查阅钢铁产品牌号表示方法的相关标准		
11	分享资料来源		

三、探究学习

（一）钢铁的含义

以前读过奥斯特洛夫斯基的《钢铁是怎样炼成的》，保尔·柯察金乐观主义的生活态度给人留下了深刻印象。那么钢铁是一种材料吗？

钢铁是钢和生铁的统称。它们都是以铁和碳为主要元素的铁碳合金。钢是以铁为主要元素、碳的质量分数（w_c）一般在2.11%以下，并含有其他元素的铁碳合金。生铁则是碳的质量分数（w_c）大于2.11%的铁碳合金。

（二）钢的分类

钢按照化学成分、质量等级和主要性能或使用特性的分类如图9-2和图9-3所示。

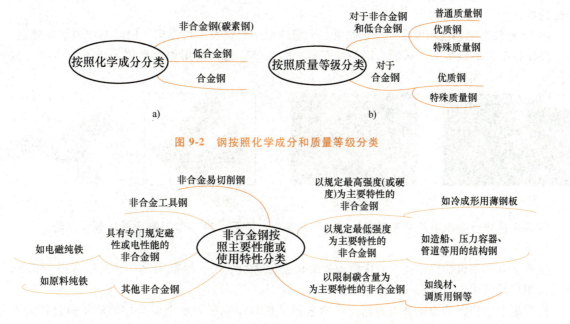

图9-2 钢按照化学成分和质量等级分类

图9-3 非合金钢按照主要性能和使用特性分类

（三）非合金钢及常见的非合金钢牌号

按照 GB/T 13304.1—2008 确定的每种元素规定含量的质量分数，处于此国家标准表1（进阶表9-1）中所列非合金钢、低合金钢或合金钢相应元素的界限值范围内时，这些钢分别为非合金钢、低合金钢或合金钢。

由于专业和篇幅的关系，这里着重介绍非合金钢中的结构钢和工具钢，也就是碳素结构钢和碳素工具钢。表9-2列出了常见不同质量等级的非合金钢牌号。

表9-2中牌号以"Q"开头的钢为碳素结构钢，由两位数字组成（或加元素锰）的钢为优质碳素结构钢，牌号以"T"开头的钢为碳素工具钢。

表 9-2 常见不同质量等级的非合金钢牌号（GB/T 13304.2—2008）

钢的种类	普通质量非合金钢	优质非合金钢	特殊质量非合金钢
牌号	Q195、Q215A Q215B、Q235A Q235B、Q275A Q275B	08、10、15、15Mn 20、20Mn、25、25Mn 30、30Mn、35、35Mn 40、40Mn、45、45Mn 50、50Mn、55、55Mn 60、60Mn、65、Q235C、Q235D、Q275C、Q275D	T7、T8、T8Mn T9、T10、T11 T12、T13 65Mn、70、70Mn 75、80、85

1. 普通质量非合金钢

普通质量非合金钢牌号由四部分构成。

第一部分：前缀符号+强度值（以 N/mm² 或 MPa 为单位）。"Q"代表屈服强度"屈"字汉语拼音首位字母。

第二部分（必要时）：钢的质量等级，用英文字母 A、B、C、D 表示。

第三部分（必要时）：脱氧方式表示符号，即分别用"F""Z""TZ"表示沸腾钢、镇静钢、特殊镇静钢。镇静钢、特殊镇静钢的表示符号通常可以省略。

第四部分（必要时）：产品用途、特性和工艺方法表示符号。

我们经常见到的牌号只有第一部分，如"Q235"。它表示最小屈服强度值为235MPa的普通碳素结构钢。如有必要，牌号中有表示质量等级和脱氧方式的字母，如材料"Q235AF"。从A到D级，钢中有害元素硫和磷的含量依次减少，质量依次提高。

普通碳素结构钢含杂质较多，价格低廉，碳的质量分数小于0.22%，焊接性好，用于对性能要求不高的场合。

Q235有较高的强度和硬度，塑性稍低，大量应用于建筑及工程结构，用以制作钢筋或建造厂房房架、高压输电铁塔、桥梁、车辆、锅炉、容器、船舶等，也大量用作对性能要求不太高的机械零件，如图9-4~图9-7所示。

图 9-4 角钢

图 9-5 钢筋钢

图 9-6 螺栓

图 9-7 连杆

普通质量非合金钢牌号是不是都以"Q"开头呢？不是。进一步了解请看任务9进阶。

2. 优质非合金钢

优质非合金钢包括很多种，如优质碳素结构钢、易切削钢、桥梁用钢、铁道用钢等。其中优质碳素结构钢广泛应用于航空、汽车等工业部门。

优质碳素结构钢的牌号通常用两位数字表示。这两位数字表示钢中平均碳的质量分数的万分数。例如，45钢表示平均碳的质量分数为0.45%。优质碳素结构钢中锰的质量分数超过0.7%时，两位数字后面要加锰元素符号,如 45Mn。高级优质钢、特级优质钢分别以 A、E 表示,优质钢不用字母表示。必要时还有脱氧方式符号,即分别以"F""b""Z"表示沸腾钢、半镇静钢、镇静钢,但镇静钢符号通常可以省略。

45 钢是中碳钢,综合性能较好且价格低、来源广,广泛用于制造较高强度的运动零件,如空气压缩机、液压泵的活塞、蒸汽涡轮机的叶轮,重型及通用机械中的曲轴、连杆、蜗杆、齿条、齿轮、销等,如图 9-8 和图 9-9 所示。

图 9-8 蜗轮蜗杆　　　　　　　　　　　图 9-9 曲轴

3. 特殊质量非合金钢

常见的特殊质量非合金钢见表 9-2 中所列材料。

65Mn ~ 85 的牌号含义同优质碳素结构钢。

T7 ~ T13 称为非合金工具钢,即碳素工具钢,其牌号通常由四部分组成。

第一部分:碳素工具钢表示符号"T"。

第二部分:阿拉伯数字,表示平均碳的质量分数(以千分之几计)。

第三部分(必要时):较高含锰量碳素工具钢,加锰元素符号 Mn。

第四部分(必要时):钢材冶金质量,即高级优质碳素工具钢以 A 表示,优质钢不用字母表示。

例如:T8 表示平均碳的质量分数为 0.8% 的碳素工具钢。T8A 表示平均碳的质量分数为 0.8% 的高级优质碳素工具钢,其硫、磷的含量比 T8 低。

此类钢含碳量高,硬度大,刃部受热至 200 ~ 250℃ 时,其硬度和耐磨性会迅速下降,因此只用于制造小尺寸的手工工具和低速刃具。

T7 ~ T9 钢用于制造要求较高韧性、承受冲击载荷的工具,如木工工具:冲子、凿子、锤子等。T10 ~ T11 钢用于制造要求中韧性的低速切削工具,如钻头、丝锥、车刀等。T12 ~ T13 钢具有高硬度、高耐磨性,但韧性差,用于制造不受冲击的耐磨工具,如锉刀、锯条等。

四、汇报展示

从学习任务单中抽取素材进行组合,形成汇报材料。建议的组合为:任务单第 1 ~ 3 条;第 4 ~ 6 条;第 7 ~ 9 条;第 4、5、8 条,也可以自定义组合。采用适当的方式进行汇报。汇报方式参考表 9-3 中"资源整合"部分。

五、评价总结

汇报展示之后,请完成表 9-3。

表 9-3 任务 9 评价表

指标	评分项目	自我评价	得分点	得分
知识获取	□了解钢的分类方法	□内容熟练 □查阅快捷、简便 □方法有效 □信息准确	每项 5 分 共 40 分	
	□熟悉钢按照化学成分分类的结果			
	□掌握 Q235 的牌号意义			
	□掌握 Q235 的性能特点及用途			
	□掌握 45 的牌号意义			
	□掌握 45 的性能特点及用途			
	□掌握 T11 的牌号意义			
	□掌握 65Mn 的性能特点及用途			

(续)

指标	评分项目		自我评价	得分点	得分
学习方法	□能从学习任务单中提炼关键词		□快速 □慢速	每项4分 共12分	
	□能够仔细阅读并理解所查资料内容				
	□能够划出重点内容				
学习能力	注意力	□持续集中 □短时集中 □易受干扰 □与阅读材料难易有关		每项4分 共28分	
	理解力	□完全理解 □部分理解 □讨论后理解 □教师讲解后理解 □仍有问题未解决			
	阅读分析	□能找出牌号命名规律 □能将金属材料分门别类 □能归纳本次任务学习重点			
	资源整合	□文本 □图表 □陈述 □导图 □表达式 □一份清单 □系列情境			
	表达能力	□开场总结所学知识	教师点评：		
		□开场表述钢的种类			
		□汇报展示			
素养提升	主动参与	□积极主动阅读、记笔记	□符合 □一般 □有进步	每项5分 共20分	
	独立性	□自觉完成任务 □需要督促			
	自信心	□文明用语、乐于教人 □若时间允许能解决 □感觉有点难			
	信息化应用	分享资源渠道与类型：			
总评:□满意 □不满意 □还需努力 □有进步				总分：	

习题测试

1. 【填空】碳素钢的质量等级，主要根据钢中的杂质_____、_____含量的多少划分。
2. 【填空】碳素工具钢的牌号由"T+数字"组成，其中T表示_____。
3. 【填空】优质碳素结构钢的牌号由_____位数字组成。
4. 【填空】牌号45钢中，"45"表示平均碳的质量分数为_____。
5. 【单选】(　　) 主要用于制造低速、手动工具及常温下使用的工具、模具、量具。
   A. 50   B. T12   C. W18Cr4V
6. 【单选】碳素工具钢的牌号由"T+数字"组成，其中数字是以(　　)表示平均碳的质量分数。
   A. 百分数   B. 千分数   C. 万分数   D. 十分数
7. 【单选】45钢属于(　　)。
   A. 普通碳素结构钢   B. 优质碳素结构钢   C. 碳素工具钢   D. 铸造碳钢
8. 【判断】合金钢没有普通质量钢。(　　)
9. 【判断】碳素工具钢都是特殊质量非合金钢。(　　)
10. 【判断】Q235D比Q235B的质量等级高。(　　)

拓展阅读

锯条是由什么材料制成的？你会说，T12可以制造锯条。但锯条的材料都是一样的吗？并不是。由于被加工零件的材料有很多种，因此作为刀具的锯条也有很多种。在实际生产中，手工锯条大多数由非合金钢制成，主要有碳素工具钢和渗碳钢两种。机用锯条大多数由高速工具钢、钨钒共渗钢制成，价格较贵。现在使用的机用锯条很多是双金属锯条，即是由两种金属焊接而成的锯条。除此之外还有硬质合金锯条、金刚石涂层锯条，主要应用于特殊材料的锯割。

模块2　常用工程材料的辨识

任务10　低合金钢、合金钢的辨识

引导文

展示一下上次课后的劳动成果：查阅了哪种感兴趣的材料？以适当的展示形式汇报一下它们的牌号、组成、性能特点以及用途。争取开场的演讲机会吧！

再读图2-1时，你首先注意到标题栏中最重要的信息：零件名称，接着是另一个重要的内容：材料为20CrMnTi。

看到复杂的材料牌号，莫慌。国家标准关于材料牌号的规定是有一定规律的，只要把命名规则搞清楚，再把常用的牌号熟悉一下，它们就是你的朋友了。

学习流程

一、确认信息

确认如图2-1所示标题栏中的材料信息，开始我们的任务。

二、领会任务

逐条领会学习任务单（表10-1），锁定低合金钢、合金钢。

表10-1　任务10学习任务单

姓名		日期	年　月　日　星期
任务10　低合金钢、合金钢的辨识			
序号	任务内容		
1	盘点一下日常生活中接触过哪些合金钢制品		
2	说一说什么是低合金钢、合金钢（结合任务9的定义）		
3	说出低合金钢有哪些种类、合金钢有哪些种类		
4	Q355B是什么钢？性能有什么特点？它的用途有哪些		
5	20CrMnTi是什么钢？说出这类钢的牌号表示方法、性能特点及用途		
6	GCr15是什么钢？说出这类钢的牌号表示方法、性能特点及用途		
7	W18Cr4V是什么钢？说出这类钢的牌号含义、性能特点及用途		
8	06Cr19Ni10是什么钢？说出这类钢的牌号含义、性能特点及用途		
9	学会查阅牌号。查阅你好奇的某一种材料牌号（不限于钢材）		
10	分享资料来源		

三、探究参考

（一）低合金钢

1. 低合金钢的分类（图10-1）

图10-1　低合金钢按照主要性能或使用特性分类

2. 低合金钢的牌号表示方法

这里主要了解可焊接的低合金钢的牌号表示方法，如图10-2所示。

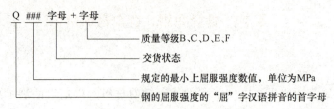

图 10-2 低合金钢的牌号表示方法

交货状态为热轧时，交货状态代号 AR 或 WAR 可省略；交货状态为正火或正火轧制状态时，交货状态代号均用 N 表示。

Q+规定的最小上屈服强度数值+交货状态代号，简称为"钢级"。

示例：Q355ND 中：

Q——钢的屈服强度的"屈"字汉语拼音的首字母；

355——规定的最小上屈服强度数值（MPa）；

N ——交货状态为正火或正火轧制；

D ——质量等级为 D 级。

3. 低合金钢的用途

可焊接的低合金钢强度高，使用这类钢制造的装备，壁厚减薄，重量减轻，可以减少焊接工作量。这种钢具有良好的综合力学性能，可以提高设备的耐用性和使用寿命。例如，Q355 广泛应用于桥梁、车辆、船舶、建筑、压力容器、特种设备等。

南京长江大桥（图 10-3）用的钢，是鞍山钢铁集团公司 1963 年正式生产的被称为"争气钢"的低合金 16Mn 桥梁钢，它相当于 GB/T 1591—2018 中的 Q355。北京奥运会主体育场——国家体育场"鸟巢"（图 10-4）的钢结构主要使用了 Q460 钢。

图 10-3 南京长江大桥

图 10-4 国家体育场"鸟巢"

（二）合金钢

1. 合金钢的分类

1）按照化学成分分类，如图 10-5 所示。

需要注意的是，这种划分并没有严格的规定。当合金元素含量足够高时，决定点阵结构的不是铁而是合金元素，因此称之为某合金元素为基的合金。

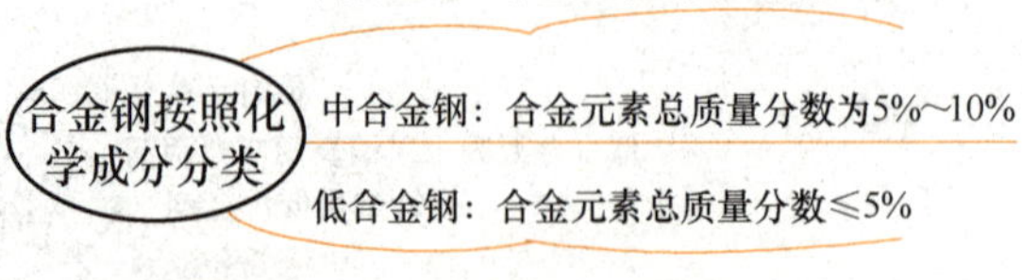

2）按照质量等级和主要性能或使用特性分类，如图 10-6 所示。

图 10-5 合金钢按照化学成分分类

钢种类繁多，为了便于管理、熟悉、选用和比较，根据某些特性，从不同角度出发，可以把它们分成若干具有共同特点的类别。这些分类方法主要为了方便和实际需要。因此，同一种钢可以根据其不同特点划为不同类型。其他的分类方法见任务 10 进阶。

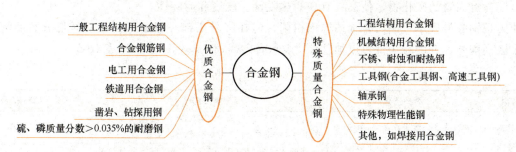

图 10-6　合金钢按照质量等级和主要性能或使用特性分类

2. 常见的合金钢牌号表示方法

（1）合金结构钢和合金弹簧钢　合金结构钢和合金弹簧钢在生产中应用很广。合金结构钢是用于制造承受较高应力的各种机械零件用的合金钢。合金弹簧钢是在碳素钢的基础上通过适当加入一种或几种合金元素来提高钢的力学性能、淬透性和其他性能，以满足制造各种弹簧所需性能的钢。

合金结构钢和合金弹簧钢的表示方法相同，通常由四部分组成。

第一部分：以两位阿拉伯数字表示平均碳的质量分数（以万分之几计）。

第二部分：合金元素的质量分数以化学元素符号及阿拉伯数字表示。具体表示方法为：平均质量分数小于1.50%时，牌号仅标明元素，一般不标明含量；平均质量分数为 1.50%～2.49%、2.50%～3.49%等时，在合金元素后相应地加上2、3等。化学元素符号的排列顺序推荐按含量值递减排列。如果两个或多个元素的含量相等，相应符号位置按英文字母顺序排列。

第三部分：钢材冶金质量，即高级优质钢、特级优质钢分别以 A、E 表示，优质钢不用字母表示。

第四部分（必要时）：产品用途、特性、工艺方法表示符号，见进阶表10-1。

表10-2列出了合金结构钢和合金弹簧钢牌号表示方法示例。

表10-2　合金结构钢和合金弹簧钢牌号表示方法示例

产品名称	第一部分	第二部分	第三部分	第四部分	牌号示例
合金结构钢	碳的质量分数为 0.17%～0.23%	铬的质量分数为1.10%～1.40%，锰的质量分数为 0.80%～1.10%，钛的质量分数为 0.04%～0.10%	优质钢	—	20CrMnTi
合金结构钢	碳的质量分数为 0.22%～0.29%	铬的质量分数为1.50%～1.80%，钼的质量分数为 0.25%～0.35%，钒的质量分数为 0.15%～0.30%	高级优质钢	—	25Cr2MoVA
锅炉和压力容器用钢	碳的质量分数为 ≤0.22%	锰的质量分数为1.20%～1.60%，钼的质量分数为 0.45%～0.65%，铌的质量分数为 0.025%～0.050%	特级优质钢	锅炉和压力容器用钢	18MnMoNbER
优质弹簧钢	碳的质量分数为 0.56%～0.64%	硅的质量分数为1.60%～2.00%，锰的质量分数为 0.70%～1.00%	优质钢		60Si2Mn

（2）合金工具钢　合金工具钢按用途可分为刃具钢、模具钢（冷作模具钢、热作模具钢、塑料模具钢）、量具钢。

合金工具钢的牌号通常由两部分组成。

第一部分：平均碳的质量分数小于1.00%时，采用一位数字表示碳的质量分数（以千分之几计），平均碳的质量分数大于等于1.00%时，不标明碳的质量分数数字。

第二部分：合金元素的质量分数，以化学元素符号及阿拉伯数字表示，表示方法同合金结构钢第二部分，低铬（平均铬的质量分数小于1%）的合金工具钢，在铬的质量分数（以千分之几计）前加数字"0"，示例见表10-3。

（3）高速工具钢　高速工具钢是高碳合金钢，主要合金元素有钨、铬、钒、钼、钴、铅、铝等。

高速工具钢含有大量的碳化物，使其具有高的热硬性、硬度和耐磨性。

高速工具钢牌号表示方法与合金结构钢相同，但在牌号头部一般不标明碳的质量分数的阿拉伯数字。为了区别牌号，在牌号头部可以加"C"表示高碳高速工具钢，示例见表10-3。

表10-3 合金工具钢和高速工具钢牌号表示方法示例

产品名称	第一部分	第二部分	牌号示例
合金工具钢	碳的质量分数为0.85%～0.95%	硅的质量分数为1.20%～1.60%，锰的质量分数为0.30%～0.60%，铬的质量分数为0.95%～1.25%	9SiCr
合金工具钢	碳的质量分数为1.3%～1.45%	铬的质量分数为0.50%～0.70%，硅的质量分数≤0.4%，锰的质量分数≤0.4%	Cr06
高速工具钢	碳的质量分数为0.80%～0.90%	钨的质量分数为5.50%～6.75%，钼的质量分数为4.50%～5.50%，铬的质量分数为3.80%～4.40%，钒的质量分数为1.75%～2.20%	W6Mo5Cr4V2
高速工具钢	碳的质量分数为0.86%～0.94%	钨的质量分数为5.90%～6.70%，钼的质量分数为4.70%～5.20%，铬的质量分数为3.80%～4.50%，钒的质量分数为1.75%～2.10%	CW6Mo5Cr4V2

（4）轴承钢　轴承钢是用于制造在不同环境下及特殊条件下工作的滚动轴承套圈和滚动体的合金钢的总称。按钢分类标准，该类钢属于特殊质量合金钢，对其质量和性能控制严格，检验项目多，生产难度大。

轴承钢按化学成分和使用特性分为高碳铬轴承钢、渗碳轴承钢、高碳铬不锈轴承钢和高温轴承钢四大类。其中GCr15生产和使用量最大，此类钢强度高、耐磨性好、耐疲劳、淬硬性好、热处理简便。

1）高碳铬轴承钢。高碳铬轴承钢牌号通常由两部分组成。

第一部分：（滚珠）轴承钢表示符号"G"，但不标明碳的质量分数。

第二部分：合金元素"Cr"的符号及其质量分数（以千分之几计），其他合金元素的质量分数以化学元素符号及阿拉伯数字表示，表示方法与合金结构钢第二部分相同。

2）渗碳轴承钢。在牌号头部加符号"G"，采用合金结构钢的牌号表示方法，高级优质渗碳轴承钢在牌号尾部加"A"。

3）高碳铬不锈轴承钢和高温轴承钢。在牌号头部加符号"G"，采用不锈钢和耐热钢的牌号表示方法。

表10-4列出了轴承钢牌号表示方法示例。

表10-4 轴承钢牌号表示方法示例

产品名称	第一部分	第二部分	牌号示例
高碳铬轴承钢	G	碳的质量分数为0.95%～1.05%，铬的质量分数为1.40%～1.65%	GCr15
渗碳轴承钢	G	碳的质量分数为0.17%～0.23%，铬的质量分数为0.35%～0.65%，镍的质量分数为0.40%～0.70%，钼的质量分数为0.15%～0.30%	G20CrNiMoA
高碳铬不锈轴承钢	G	碳的质量分数为0.90%～1.00%，铬的质量分数为17%～19%	G95Cr18
高温轴承钢	G	碳的质量分数为0.75%～0.85%，铬的质量分数为3.75%～4.25%，钼的质量分数为4.00%～4.50%，钒的质量分数为0.9%～1.1%	G80Cr4Mo4V

（5）不锈钢和耐热钢　不锈钢是以不锈、耐腐蚀为主要特性，且铬的质量分数至少为10.5%，碳的质量分数最大不超过1.2%的钢。耐热钢是在高温下具有良好的化学稳定性或较高强度的钢，属于特殊质量合金钢。

不锈钢和耐热钢牌号采用化学元素符号和代表各元素质量分数的阿拉伯数字表示。各元素质量分数的阿拉伯数字表示规定如下。

1）碳的质量分数。用两位或三位阿拉伯数字表示碳的质量分数最佳控制值（以万分之几计或十万分之几计）。

只规定碳的质量分数上限者,当碳的质量分数上限不大于0.10%时,以其上限的3/4表示碳的质量分数;当碳的质量分数上限大于0.10%时,以其上限的4/5表示碳的质量分数。例如:碳的质量分数上限为0.08%,以06表示;碳的质量分数上限为0.20%,以16表示;碳的质量分数上限为0.15%,以12表示。

对超低碳不锈钢(即碳的质量分数不大于0.030%),用三位阿拉伯数字表示碳的质量分数最佳控制值(以十万分之几计)。例如:碳的质量分数上限为0.030%时,其牌号中碳的质量分数以022表示;碳的质量分数上限为0.025%时,其牌号中碳的质量分数以019表示;碳的质量分数上限为0.020%时,其牌号中碳的质量分数以015表示;碳的质量分数上限为0.01%时,其牌号中碳的质量分数以008表示。规定上下限者,以平均碳的质量分数×100表示。例如,碳的质量分数为0.16%~0.25%时,其牌号中碳的质量分数以20表示。

2)合金元素的质量分数。合金元素的质量分数以化学元素符号及阿拉伯数字表示,表示方法同合金结构钢第二部分。钢中有意加入铌、钛、锆、氮等合金元素,虽然含量很低,也应在牌号中标出。

表10-5列出了不锈钢和耐热钢牌号表示方法示例。

表10-5 不锈钢和耐热钢牌号表示方法示例

产品名称	第一部分	第二部分	牌号示例
不锈钢	碳的质量分数不大于0.08%	铬的质量分数为18%~20%,镍的质量分数为8%~11%	06Cr19Ni10
不锈钢	碳的质量分数不大于0.030%	铬的质量分数为16%~19%,钛的质量分数为0.1%~1%	022Cr18Ti
不锈钢	碳的质量分数为0.15%~0.25%	铬的质量分数为14%~16%,锰的质量分数为14%~16%,镍的质量分数为1.50%~3.00%,氮的质量分数为0.15%~0.30%	20Cr15Mn15Ni2N
耐热钢	碳的质量分数不大于0.25%	铬的质量分数为24%~26%,镍的质量分数为19%~22%	20Cr25Ni20

3. 常见的合金钢性能与用途(表10-6)

表10-6 常见的合金钢性能与用途

产品名称及牌号	主要性能	用途
合金工具钢 9SiCr	高淬透性和淬硬性,且回火稳定性好	适宜制造形状复杂、变形小、耐磨性要求高的低速切削刀具,如钻头、螺纹工具、手动铰刀、搓丝板及滚丝轮等;也可以制造冷作模具(如冲模、打印模等)、冷轧辊、矫正辊以及细长杆件
合金结构钢 20CrMnTi	淬透性较高,具有较高的低温冲击韧度,焊接性中等,正火后切削加工性良好	用于制造截面在30mm以下,承受高速、中等载荷或重载荷,以及有冲击和摩擦的重要渗碳零件,如齿轮、齿轮轴、齿圈、十字轴、爪型离合器、蜗杆等
高碳铬轴承钢 GCr15	综合性能良好,耐磨性和接触疲劳强度高,热加工性能好	用于制造各种轴承套圈和滚动体。例如,制造内燃机、电动机车、汽车、拖拉机、机床、轧钢机、钻探机、矿山机械、通用机械以及高速旋转的高载荷机械传动轴承的钢球、滚子和套圈
高速工具钢 W18Cr4V	具有较高的硬度、热硬性和高温硬度,在500℃和600℃时仍可分别保持在57~58HRC、52~53HRC,具有良好的高温强度和耐磨性	用于制造各种切削刀具,如车刀、刨刀、铣刀、拉刀、铰刀、钻头、插齿刀、丝锥和板牙等,也可用于制造高温下耐磨损的零件,如轴承、高温弹簧等,还可用于制造冷作模具,不能用于制造大型和热塑成形刀具
高速工具钢 W6Mo5Cr4V2	具有韧性高,热塑性好,耐磨性、热硬性高等特点	用于冷作模具钢,适宜制造各种类型的工具,大型热塑成形的刀具;还可以制造高载荷下耐磨性零件,如冷挤压模具、温挤压模具等
不锈钢 06Cr19Ni10	具有良好的耐蚀性、耐热性、低温强度和机械特性;冲压、弯曲等热加工性好,在大气中耐腐蚀	适合用于食品的加工、储存和运输等,例如,制造板式换热器、波纹管、家庭用品(1、2类餐具、橱柜、室内管线、热水器、锅炉、浴缸)、汽车配件(风窗玻璃刮水器、消声器、模制品)、医疗器具、建材、食品工业餐具、农业机械、船舶部件等

四、汇报展示

低合金钢和合金钢种类繁多,用途广泛,选取一个钢种重点进行介绍。从任务单中抽取素材进行组合,形成汇报材料。建议的组合为:从任务单4~8条中任意选取一条与第2、3条进行组合;或将

第9、10条进行组合。在逻辑合理的情况下也可以自定义组合。采用适当的方式进行汇报。汇报方式参考表10-7中"资源整合"。

五、评价总结

汇报环节结束后，请完成表10-7。

表10-7 任务10评价表

指标	评分项目		自我评价	得分点	得分
知识获取	□熟悉低合金钢牌号的组成及含义		□内容熟练 □查阅快捷、简便 □方法有效 □信息准确	每项5分 共40分	
	□熟悉合金钢的分类方法				
	□掌握Q355的含义				
	□掌握Q355的性能特点及用途				
	□熟悉20CrMnTi的含义及性能特点				
	□掌握GCr15的含义及用途				
	□掌握W18Cr4V的含义、性能特点及用途				
	□了解06Cr19Ni10的含义及用途				
学习方法	□能从学习任务单中明确学习重点		□快速 □慢速	每项4分 共12分	
	□能够边阅读边记重点				
	□能够在阅读后分析材料的叙述逻辑				
学习能力	注意力	□持续集中　□短时集中　□易受干扰　□与阅读材料难易有关		每项4分 共28分	
	理解力	□完全理解　□部分理解　□讨论后理解　□教师讲解后理解 □仍有问题未解决			
	阅读分析	□根据工具钢用途反推其性能　□能将合金钢与日常生活相联系　□能归纳本次任务学习重点			
	资源整合	□文本　□图表　□陈述　□导图　□表达式　□一份清单 □系列情境			
	表达能力	□开场展示任务9课后查阅的资料	教师点评：		
		□开场表述钢的种类			
		□汇报展示			
素养提升	主动参与	□积极主动阅读、记笔记	□符合 □一般 □有进步	每项5分 共20分	
	独立性	□自觉完成任务　□需要督促			
	自信心	□文明用语、乐于教人　□若时间允许能解决　□感觉有点难			
	信息化应用	分享资源渠道与类型：			
总评:□满意　□不满意　□还需努力　□有进步				总分：	

习题测试

1. 【填空】合金工具钢包括刃具钢、_____和量具钢。
2. 【单选】下列可以制造滚动轴承滚珠的是（　　）。
   A. 45　　　　B. GCr15　　　　C. T12　　　　D. 65Mn
3. 【多选】不锈钢的牌号第一部分由（　　）数字组成。
   A. 一位　　　B. 两位　　　　C. 三位　　　　D. 四位
4. 【单选】高速车刀等多采用（　　）钢来制造。
   A. 20　　　　B. T11　　　　C. HT200　　　D. W18Cr4V
5. 【判断】不锈钢中铬元素的平均质量分数都超过了10%。（　　）

6. 【判断】GCr15 中铬元素的平均质量分数为 15%。（　　）
7. 【判断】20CrMnTi 的平均碳的质量分数为 0.20%。（　　）
8. 【判断】高碳钢质量优于中碳钢，中碳钢质量优于低碳钢。（　　）
9. 【判断】高速工具钢比碳素工具钢热硬性好。（　　）
10. 【判断】不锈钢和耐热钢都属于特殊质量钢。（　　）
11. 【判断】轴承钢属于特殊质量钢。（　　）

拓展阅读

有这么一种钢，厚度只有一张普通 A4 纸的 1/4，其价格却堪比黄金，它就是被称为"手撕钢"的不锈钢箔材，用手轻轻一撕就会被撕开。这种钢在航空航天、医疗器械、精密仪器、计算机等高精尖端设备制造业中需求量非常大，而我们在 2016 年以前却不得不依赖进口。尽管这种钢的生产工艺控制、产品质量要求非常高，但我国科研人员敢于挑战，他们历时三年，经历了 700 多次失败后，终于在 2016 年取得重大突破，成功研发出厚度仅为 0.02mm 的手撕钢；2020 年，又将厚度刷新到 0.015mm，打破了手撕钢全球最薄纪录。

任务 11　铸铁与铸钢的辨识

引导文

分享时刻来临，请把握分享机会，将上次课后准备好的梳理结果跟大家交流一下吧！

请看如图 11-1 所示的零件图，零件是壳体，材料是 HT250。这个牌号看起来比较陌生，这又是什么材料？250 是什么意思？想一想。

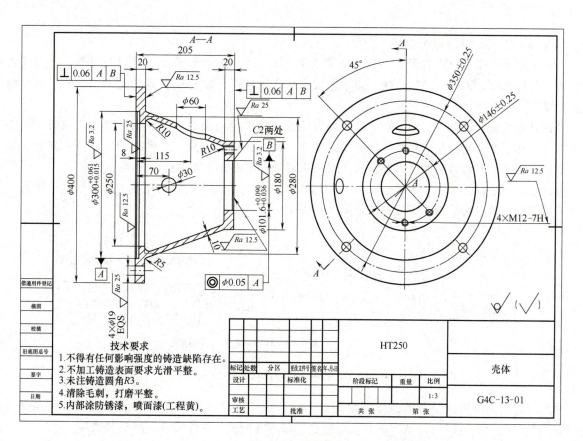

图 11-1　零件图

学习流程

一、确认信息

确认如图 11-1 所示标题栏中的材料信息，开始我们的任务。

二、领会任务

逐条领会学习任务单（表 11-1）。

表 11-1 任务 11 学习任务单

姓名		日期	年 月 日 星期
任务 11 铸铁与铸钢的辨识			
序号	任务内容		
1	尽可能多地列举生活中见过的铸铁产品		
2	铸铁有哪几类		
3	铸铁的力学性能如何？在生产中有哪些应用？说出来		
4	说出灰铸铁、球墨铸铁的性能及应用		
5	零件图中 HT250 是什么材料，解释牌号的含义		
6	QT400-18 是什么材料？解释牌号的含义		
7	说说铸钢件有哪些优点		
8	铸钢有哪几类？归纳一下		
9	ZG340-640 是什么材料？解释牌号的含义		
10	分享资料来源		

三、探究参考

（一）铸铁

1. 铸铁的性能、用途及分类

铸铁是指碳的质量分数大于 2.11%（一般为 2.5%～4%）的铁碳合金。它以铁、碳、硅为主要组成元素，与钢相比，铸铁中的锰、硫、磷等杂质元素含量较高，此外还含有少量的铬、钼、钒、铝等合金元素。

铸铁具有优良的铸造性、切削加工性、减摩性及减振性等一系列性能特点，且生产设备、熔炼工艺简单、价格低廉，是目前应用最广泛的铸造合金。例如，机床床身、内燃机的气缸体、缸套、活塞环及轴瓦，都可由灰铸铁制造，球墨铸铁还可以用来制造曲轴等重要零件。

铸铁中的碳是以化合态的渗碳体（Fe_3C）或游离态的石墨（G）形式存在的。根据碳在铸铁中存在的形式不同，铸铁可分为以下几种，如图 11-2 所示。

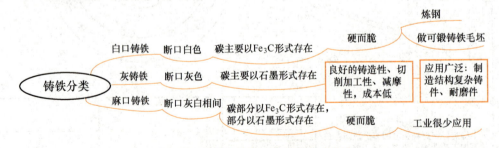

图 11-2 按碳在铸铁中存在的形式分类

另外，为了提高铸铁的力学性能或物理、化学性能，常会在铸铁中有目的地加入一些合金元素（如铬、铜、铝、钼、钒等），从而得到合金铸铁，如耐磨铸铁、耐蚀铸铁、耐热铸铁等。

根据石墨形态的不同，灰铸铁分为四类，如图 11-3 所示。不同形态的石墨如图 11-4 所示。

```
                      ┌─ 普通灰铸铁 ── 石墨呈片状 ─── 抗压强度、硬度高；塑性、韧性低；铸造性、减
                      │                               振、减摩性好，切削加工性好，缺口敏感性低
                      │
                      │                               铸铁中力学性能最好。抗压强度、硬度高；石墨球
           ┌─────┐    ├─ 球墨铸铁 ── 石墨呈球状 ─── 越小越分散，其塑性、韧性越好；铸造性、减振、
           │灰铸铁│────┤                               减摩性好，切削加工性好，缺口敏感性低
           └─────┘    │
                      ├─ 可锻铸铁 ── 石墨呈团絮状 ── 比灰铸铁强度、韧性高；生产过程复杂、生产率低
                      │
                      └─ 蠕墨铸铁 ── 石墨呈蠕虫状 ── 性能介于普通灰铸铁与球墨铸铁之间
```

图11-3 灰铸铁按石墨形态的不同分类

 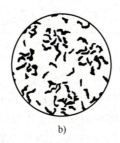 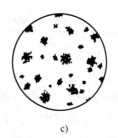 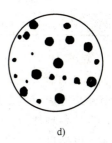

a)　　　　　　　　b)　　　　　　　　c)　　　　　　　　d)

图11-4 不同形态的石墨

a) 片状石墨　b) 蠕虫状石墨　c) 团絮状石墨　d) 球状石墨

2. 铸铁牌号表示方法及示例（GB/T 5612—2008）

　　铸铁基本代号由表示该铸铁特征的汉语拼音的第一个大写正体字母组成，当两种铸铁名称的代号字母相同时，可在该大写正体字母后加小写正体字母来区别。当以力学性能表示铸铁的牌号时，力学性能值排列在铸铁代号之后，如图11-5和图11-6所示。

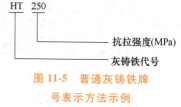

图11-5 普通灰铸铁牌号表示方法示例

　　牌号中代号后面有一组数字时，该组数字表示抗拉强度值，单位为MPa；当有两组数字时，第一组表示抗拉强度值，单位为MPa，第二组表示伸长率（%），两组数字间用"-"隔开，如图11-7和图11-8所示。

　　当要表示铸铁的组织特征或特殊性能时，代表铸铁组织特征或特殊性能的汉语拼音的第一个大写正体字母排列在基本代号的后面，如图11-9所示。

图11-6 蠕墨铸铁牌号表示方法示例

图11-7 可锻铸铁牌号表示方法示例

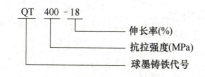

图11-8 球墨铸铁牌号表示方法示例

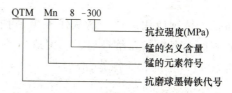

图11-9 抗磨球墨铸铁牌号表示方法示例

3. 铸铁牌号（表 11-2）

表 11-2　铸铁牌号（GB/T 9439—2023、GB/T 1348—2019、GB/T 9440—2010、GB/T 26655—2022）

铸铁类型	牌号	备注
普通灰铸铁	HT100、HT150、HT200、HT225、HT250、HT275、HT300、HT350	"HT"是"灰铁"两字的汉语拼音的首字母
球墨铸铁	QT350-22L、QT350-22R、QT350-22、QT400-18L、QT400-18R、QT400-18、QT400-15、QT450-10、QT500-7、QT550-5、QT600-3、QT700-2、QT800-2、QT900-2	"QT"是"球铁"两字的汉语拼音的首字母；"L""R"分别表示低温、室温
可锻铸铁	KTH275-05、KTH300-06、KTH330-08、KTH350-10、KTH370-12、KTZ450-06、KTZ500-05、KTZ550-04、KTZ600-03、KTZ650-02、KTZ700-02、KTZ800-01、KTB350-04、KTB360-12、KTB400-05、KTB450-07、KTB550-04	"KT"是"可铁"两字的汉语拼音的首字母；字母"H""Z""B"分别表示"黑心""珠光体""白心"
蠕墨铸铁	RuT300、RuT350、RuT400、RuT450、RuT500	"RuT"是"蠕铁"两字的汉语拼音的首字母

（二）铸钢

1. 铸钢的性能、用途及分类

铸钢件是铸造成形工艺和钢材冶金的结合，既可具有其他成形工艺难以得到的复杂形状，又能保持钢所特有的各种性能，从而确立了铸钢件在工程结构材料中的重要地位，在船舶和车辆、建筑机械、工程机械、电站设备、矿山机械及冶金设备、航空及航天设备、油井及化工设备等方面有非常广泛的应用。铸钢的分类尚未形成正式的国家标准和国际标准。图 11-10 所示为常见的铸钢分类方法。

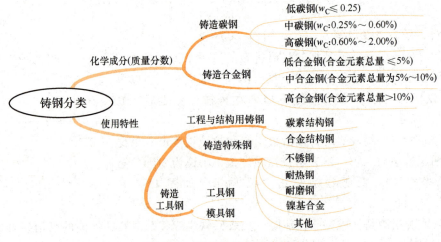

图 11-10　常见的铸钢分类方法

2. 铸钢的牌号表示方法

铸钢的牌号由铸钢代号、元素符号、名义含量及力学性能组成。

铸钢代号用"铸"和"钢"两字的汉语拼音的第一个大写正体字母"ZG"表示。当要表示铸钢的特殊性能时，可以用代表铸钢特殊性能的汉语拼音的第一个大写正体字母排列在铸钢代号的后面。铸钢代号及示例见任务 11 进阶。

以力学性能表示铸钢的牌号时，表示方法示例如图 11-11 所示。

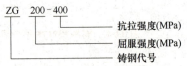

图 11-11　以力学性能表示铸钢牌号的表示方法示例

四、汇报展示

铸铁、铸钢应用广泛，请从任务单中抽取相关内容进行组合，也可将查阅的资料加工整理后，采用适当的方式进行汇报。汇报方式参考表 11-3 中的"资源整合"。

五、评价总结

汇报环节结束后请完成表 11-3。

表 11-3　任务 11 评价表

指标	评分项目		自我评价	得分点	得分
知识获取	□熟悉铸铁的分类		□内容熟练 □查阅快捷、简便 □方法有效 □信息准确	每项 5 分 共 40 分	
	□熟悉灰铸铁的分类				
	□熟悉普通灰铸铁、球墨铸铁的用途				
	□掌握普通灰铸铁的牌号组成及含义				
	□掌握球墨铸铁的性能特点及用途				
	□熟悉铸钢件的优点				
	□掌握铸钢的牌号组成及含义				
	□快速获取任务单中关键信息				
学习方法	□能从学习任务单中明确学习重点		□快速 □慢速	每项 4 分 共 12 分	
	□能够边阅读边记重点				
	□能够在阅读后分析材料的叙述逻辑				
学习能力	注意力	□持续集中　□短时集中　□易受干扰　□与阅读材料难易有关		每项 4 分 共 28 分	
	理解力	□完全理解　□部分理解　□讨论后理解　□教师讲解后理解 □仍有问题未解决			
	阅读分析	□根据材料性能推出其用途　□能将铸铁应用与日常生活相联系			
	资源整合	□文本　□图表　□陈述　□导图　□表达式　□一份清单 □系列情境			
	表达能力	□开场展示任务 10 课后查阅的资料	教师点评：		
		□汇报展示环节			
		□回答问题口齿清楚、声音洪亮			
素养提升	主动参与	□积极主动阅读、记笔记	□符合 □一般 □有进步	每项 5 分 共 20 分	
	独立性	□自觉完成任务　□需要督促			
	自信心	□熟练讲解学习所得　□若时间允许能解决　□感觉有点难			
	信息化应用	分享资源渠道与类型：			
总评：□满意　□不满意　□还需努力　□有进步					总分：

习题测试

1.【多选】根据石墨化的程度或者说断口颜色，铸铁分为（　　）三类。

　　A. 灰铸铁　　　　　B. 孕育铸铁　　　　C. 麻口铸铁　　　　　　　　D. 白口铸铁

2.【单选】普通灰铸铁的石墨形态是（　　）。

　　A. 片状　　　　　　B. 团絮状　　　　　C. 球状

3.【单选】以下牌号中（　　）是普通灰铸铁的牌号。

　　A. 45　　　　　　　B. T12　　　　　　C. HT100　　　　　　　　　D. H80

4.【单选】普通灰铸铁具有良好的抗压、减振性能，常用于制造（　　）。

　　A. 曲轴　　　　　　B. 齿轮　　　　　　C. 机床床身、底座、箱体

5.【多选】球墨铸铁具有良好的综合力学性能，可用于制造（　　）。

　　A. 曲轴　　　　　　B. 管接头　　　　　C. 机床床身、底座、箱体　　D. 齿轮

6.【单选】球墨铸铁的石墨形态是（　　）。

　　A. 片状　　　　　　B. 团絮状　　　　　C. 球状　　　　　　　　　　D. 蠕虫状

7.【判断】ZG275-500 是一种铸钢材料。（　　）

拓展阅读

苟日新，日日新，又日新。中国古人利用自身长期积累的高温控制技术和青铜器陶范铸造技术，不断创新铁器的生产技术。公元前700年前后，他们已能利用高炉在高温液态下铸造铁器。据目前出土的文物可知，在战国晚期，我国古人就已经掌握了铸铁退火技术，以降低生铁制品的脆性、提高其韧性。经过战国时期不断的技术创新，至汉代基本形成了生铁冶炼和利用生铁制钢的技术体系，是世界冶金史上重大的发明创造之一。当时的冶炼工艺可得到白口铸铁、灰铸铁和麻口铸铁等不同含碳量和微观结构的生铁产品；生铁制品经过退火处理，可得到脱碳铸铁、韧性铸铁和铸铁脱碳钢等不同材质的钢铁制品；生铁经过炒钢处理，可得到不同含碳量的钢材；通过百炼钢等工艺，可生产出钢材，锻造成优质兵器；灌钢这一"杂炼生柔"的技法则创造性地将含碳量高的生铁和含碳量低的熟铁等材料相熔合，整体成钢。

任务12 高温合金、铝合金的辨识

引导文

有关球墨铸铁的发展状况，跟大家一起分享一下吧！再想一想印象中的高温合金应该有什么性能特点呢？

飞机发动机的燃烧室是发动机各部件中温度最高的区域，燃烧室内温度达到1500~2000℃时，壁部材料承受的温度可达800℃以上，局部甚至可达1100℃。用于燃烧室的材料除需承受急冷急热的热应力和燃气的冲击外，还承受其他载荷。那什么材料才能胜任呢？涡轮机叶片除了环境温度高以外，转动时还承受很大的离心力、振动和气流的冲刷力等，又该用什么材料呢？

学习流程

一、确认信息

讨论后确认如发动机燃烧室等耐高温的零件材料应具有什么性能，开始我们的任务。

二、领会任务

逐条领会学习任务单（表12-1）。

表12-1 任务12学习任务单

姓名		日期	年　月　日　星期
任务12　高温合金、铝合金的辨识			
序号	任务内容		
1	你觉得高温合金是钢吗？想一想，说出你的见解		
2	高温合金应用在哪些领域		
3	高温合金具有哪些性能特点？列举出来		
4	按照化学成分分类,高温合金有哪些类型？写下来并熟练说出来		
5	以"GH"为前缀的牌号是什么材料		
6	生活中见过哪些铝及铝合金制品？说说看		
7	铝合金有哪几类		
8	铝合金材料有哪些性能优点？说一说		
9	2A12是什么材料？此材料有什么用途？查一查并说出来		
10	分享资料来源		

三、探究参考

（一）高温合金

高温合金是指能在600℃以上高温承受较大复杂应力，并具有表面稳定性的高合金化铁基、镍基或钴基等金属材料。

在耐热钢不能满足更高温度下工作的零件性能要求时，就需要使用高温合金。

高温、较大应力、表面稳定和高合金化是高温合金不可缺少的四大要素，缺少其中一个要素的金属材料都不属于高温合金。

1. 高温合金的分类、性能及用途

高温合金的分类方法通常有两类，如图12-1所示。

图12-1　高温合金的分类

铁基高温合金价格便宜且具有良好的中温力学性能、热加工性能，广泛用于制作在650～750℃温度范围内使用的不同类型航空发动机和燃气轮机的涡轮盘等零件；镍基高温合金由于高温力学性能良好，组织稳定性高，广泛用于制作在800℃以上高温下使用的涡轮叶片等零件；钴基高温合金熔点高，抗氧化及耐蚀性优异，抗热疲劳性能和焊接性良好，尽管其价格昂贵，但至今仍广泛用作航空发动机和燃气轮机的涡轮导向叶片等零件；钛基高温合金具有良好的高温稳定性和抗氧化能力，且耐磨性、弹性模量和抗蠕变性好，比强度高，其使用温度可达900℃甚至更高，可用于制备超高速飞行器的机翼、壳体和发动机的涡轮叶片。高温合金叶片和涡轮盘如图12-2和图12-3所示。

图12-2　高温合金叶片

图12-3　涡轮盘

2. 高温合金牌号表示方法及示例（GB/T 14992—2005）

高温合金牌号的一般形式如图12-4所示。

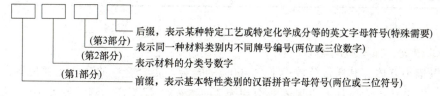

图12-4　高温合金牌号的一般形式

第1部分为牌号前缀。

"GH"表示变形高温合金。"G""H"分别为"高""合"字汉语拼音的第一个字母。

"K"表示等轴晶铸造高温合金。

"DZ"表示定向凝固柱晶高温合金。"D""Z"分别为"定""柱"字汉语拼音的第一个字母。

"DD"表示单晶高温合金。"D""D"分别为"定""单"字汉语拼音的第一个字母。

"HGH"表示焊接用高温合金丝。"GH"符号前的"H"为"焊"字汉语拼音的第一个字母。

"FGH"表示粉末冶金高温合金。"GH"符号前的"F"为"粉"字汉语拼音的第一个字母。

"MGH"表示弥散强化高温合金。"GH"符号前的"M"为"弥"字汉语拼音的第一个字母。

第 2 部分和第 3 部分为阿拉伯数字。

变形高温合金和焊接用高温合金丝前缀后采用四位数字,第一位数字表示合金的分类号;第二至四位数字表示合金编号,不足位数的合金编号用数字"0"补齐。"0"放在第一位表示分类号的数字与合金编号之间。分类号,即第一数字规定如下:

1 和 2 表示铁或铁镍(镍的质量分数小于 50%)为主要元素的合金;3 和 4 表示镍为主要元素的合金;5 和 6 表示钴为主要元素的合金;7 和 8 表示铬为主要元素的合金。1、3、5、7 表示固溶强化型合金类,2、4、6、8 表示时效强化型合金类。变形高温合金和焊接用高温合金丝的部分牌号见表 12-2。

表 12-2 变形高温合金和焊接用高温合金丝的部分牌号

牌号	高温合金类型
GH1015、GH1131、GH2035A、GH2130、GH2302、GH2696、GH2706、GH2901、GH2903	铁或铁镍(镍的质量分数小于 50%)为主要元素的变形高温合金
GH3007、GH3128、GH4033、GH4105	镍为主要元素的变形高温合金
GH5188、GH5605、GH6159、GH6783	钴为主要元素的变形高温合金
HGH1035、HGH1131、HGH2036、HGH2132、HGH3041、HGH3367、HGH4033、HGH4169、HGH4648	焊接用高温合金丝

铸造高温合金前缀后一般采用三位阿拉伯数字,不过新标准也有四位阿拉伯数字的牌号。第一位数字表示合金的分类号,第二、三位数字表示合金编号,不足位数的合金编号用数字"0"补齐,位于分类号的数字与合金编号之间。粉末冶金高温合金和弥散强化高温合金前缀后的阿拉伯数字与变形高温合金的规定相同。以上三类高温合金的分类号,即第一位数字规定如下:

2 表示铁或铁镍(镍的质量分数小于 50%)为主要元素的合金;4 表示镍为主要元素的合金;6 表示钴为主要元素的合金;8 表示铬为主要元素的合金。表 12-3 列出了铸造高温合金、粉末冶金高温合金和弥散强化高温合金的部分牌号。

表 12-3 铸造高温合金、粉末冶金高温合金和弥散强化高温合金的部分牌号

牌号	高温合金类型
K211、K406、K419、K4002、K4708、K640、K825	等轴晶铸造高温合金
DZ404、DZ422、DZ4125、DZ640M	定向凝固柱晶高温合金
DD402、DD403、DD404、DD406、DD408	单晶高温合金
FGH4095、FGH4096、FGH4097	粉末冶金高温合金
MGH2756、MGH4754、MGH4755	弥散强化高温合金

(二)铝合金

1. 铝合金的分类、性能及用途

铝合金是以铝为基体且其质量分数小于 99.00% 的合金。铝合金中的合金元素是指为使铝及铝合金具有某些特性,在基体铝中添加的金属或非金属元素,如硅、铜、镁、锰、锌和 RE(稀土元素)等。铝合金中的杂质是指存在于铝及铝合金中,但并非添加或保留的金属或非金属元素。

铝合金的分类如图 12-5 所示。

变形铝合金是主要通过热加工或冷加工进行塑性变形来生产加工产品的铝合金。铸造铝合金是主要通过浇注或压铸等方式生产铸件产品的铝合金。

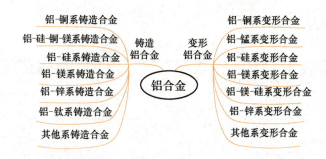

图 12-5　铝合金的分类

纯铝强度低，承载性能不高，不宜做承受较大载荷的结构材料，而铝合金由于加入了合金元素，不仅保持了纯铝的低熔点、低密度、良好的导电性、耐大气腐蚀及良好的塑性、韧性和低温性能，而且由于合金化，使得大多数铝合金可以实现热处理强化。因此，铝合金广泛应用于装饰、包装、建筑、交通运输、电子、航空、航天、兵器等各行各业。航空航天领域的飞机蒙皮、机身框架、大梁、旋翼、螺旋桨等，都可以见到铝合金的身影。

2. 铝合金牌号表示方法

（1）变形铝合金的牌号（GB/T 16474—2011）　牌号结构采用四位字符体系。如图 12-6 所示。牌号的第一、三、四位为阿拉伯数字，第二位为英文大写字母（C、I、L、N、O、P、Q、Z 字母除外）。

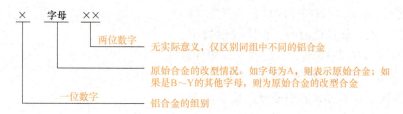

图 12-6　变形铝合金牌号结构

牌号的第一位数字表示铝及铝合金的组别，见表 12-4。除改型合金外，铝合金组别按主要合金元素（6×××系按 Mg_2Si）来确定。主要合金元素指极限含量算术平均值为最大的合金元素。当有一个以上的合金元素极限含量算术平均值同为最大时，应按 Cu、Mn、Si、Mg、Mg_2Si、Zn、其他元素的顺序来确定合金组别。

牌号的第二位字母表示原始纯铝或铝合金的改型情况，最后两位数字用以标识同一组中的铝合金或表示铝的纯度。

表 12-4　铝及铝合金的组别及牌号系列

组别	牌号系列
纯铝（铝的质量分数不小于 99.00%）	1×××
以铜为主要合金元素的铝合金	2×××
以锰为主要合金元素的铝合金	3×××
以硅为主要合金元素的铝合金	4×××
以镁为主要合金元素的铝合金	5×××
以硅和镁为主要合金元素并以 Mg_2Si 相为强化相的铝合金	6×××
以锌为主要合金元素的铝合金	7×××
以其他合金为主要合金元素的铝合金	8×××
备用合金组	9×××

常见的变形铝合金牌号及用途见表12-5。

表12-5 常见的变形铝合金牌号及用途

牌号	半成品种类	用途
2A11	冷轧板材、挤压棒材、拉挤制管材	适用于要求中等强度的零件和构件、冲压的连接部件、空气螺旋桨叶片、局部镦粗的零件等
2B11	铆钉线材	主要用于铆钉
2A12	冷轧板材、挤压棒材、拉挤制管材	用量最大，适用于高载荷的零件和构件
2A14	热轧板材	适用于高载荷、形状简单的锻件和模锻件
2A50	挤压棒材	适用于形状复杂、中等强度的锻件和冲压件
3A21	热轧板材、冷轧板材、挤制厚壁管材	适用于要求高的可塑性和良好的焊接性、在液体或气体中工作的低载荷零件
5A02	热轧板材、冷轧板材、挤压板材	适用于在液体中工作的中等强度的焊接件、冲压件和容器、骨架零件等
7A03	铆钉线材	适用于受力结构的铆钉
7A09	挤压棒材、冷轧棒材、热轧板材	适用于飞机大梁等承力构件和高载荷零件
7A33		

（2）铸造铝合金的牌号及代号 铸造铝合金牌号（GB/T 8063—2017）示例如图12-7所示。

铸造铝合金代号（GB/T 1173—2013）由表示铸铝的汉语拼音字母"ZL"及其后面的三位阿拉伯数字组成。ZL后面第一位数字表示合金的系列，其中1、2、3、4分别表示铝硅、铝铜、铝镁、铝锌系列合金，ZL后面第二、三位数字表示合金的顺序号。优质合金在其代号后面附加字母"A"。

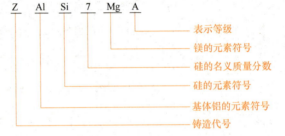

图12-7 铸造铝合金牌号示例

四、汇报展示

高温合金和铝合金在航空航天领域应用举足轻重，请从任务单中抽取相关内容进行组合，也可将查阅的资料加工整理，采用适当的方式进行汇报。汇报方式参考表12-6中"资源整合"。

五、评价总结

汇报环节结束后请完成表12-6。

表12-6 任务12评价表

指标	评分项目	自我评价	得分点	得分
知识获取	□熟悉高温合金的分类	□结论明确 □查阅快捷、简便 □抓住重点 □及时总结 □及时释疑 □发现兴趣点	每项5分 共40分	
	□掌握高温合金的性能特点			
	□熟悉高温合金牌号的表示方法			
	□理解高温合金牌号中前缀的含义			
	□熟悉铝合金的分类			
	□掌握铝合金的性能特点			
	□熟悉铝合金的牌号组成及含义			
	□捕捉高温合金和铝合金中感兴趣的材料并查阅			
学习方法	□能从学习任务单中明确学习重点	□清晰 □快速 □模糊 □慢速	每项4分 共12分	
	□能够边阅读边记重点			
	□能够在阅读后分析材料的叙述逻辑			

（续）

指标	评分项目		自我评价	得分点	得分
学习能力	注意力	□持续集中　□短时集中　□易受干扰　□与阅读材料难易有关		每项4分 共28分	
	理解力	□完全理解　□部分理解　□讨论后理解　□教师讲解后理解 □仍有问题未解决			
	阅读分析	□根据有关零件的使用要求分析高温合金和铝合金应具有的性能			
	资源整合	□文本　□图表　□陈述　□导图　□表达式　□一份清单 □系列情境			
	表达能力	□开场展示情况	教师点评：		
		□汇报展示环节			
		□回答问题口齿清楚、内容明确			
素养提升	主动参与	□积极主动阅读、记笔记	□符合 □一般 □有进步	每项5分 共20分	
	独立性	□自觉完成任务　□需要督促			
	自信心	□及时理解　□若时间允许能解决 □感觉有点难			
	信息化应用	分享资料渠道与类型：			
总评：□满意　□不满意　□还需努力　□有进步				总分：	

习题测试

1. 【填空】高温合金不可缺少的四大要素是_____、_____、_____和_____。
2. 【填空】"GH1015"中"GH"表示_____。
3. 【多选】按照化学成分分类，高温合金有（　　）。
   A. 铁基高温合金　　B. 镍基高温合金　　C. 钴基高温合金　　D. 钛基高温合金
4. 【单选】变形铝合金牌号的首位阿拉伯数字和（　　）有关。
   A. 化学成分　　B. 用途　　C. 使用特性　　D. 同组产品的不同序号
5. 【单选】铸造铝合金末尾如果有"A"字母，表示（　　）。
   A. 系列号　　B. 优质合金　　C. 铝合金的类别　　D. 原始合金
6. 【判断】7A33适用于承力构件和大载荷零件。（　　）
7. 【判断】铝合金熔点低、密度小、导电性好、耐腐蚀，有良好的塑性、韧性和低温性能。（　　）

拓展阅读

轻金属铝在航空航天领域广受重视，也是迄今为止在这个领域用量最大的轻质结构材料，故由此得名：会飞的金属。现代航空几乎是伴随着铝合金而发展起来的，行业内甚至有"一代铝合金，一代飞行器"的说法。大型飞机C919的机翼壁板需要用的是超高强高韧铝合金，看我们的科研人员是怎样研制出参数要求非常精细的铝合金，请打开央视网，搜索《栋梁之材》中"百变金刚"，了解详细情况。

项目4　非金属材料的辨识

项目导读

非金属材料家族很庞大，包括了金属材料以外的所有材料，大致的分类如图项目4导图所示。

项目4导图 主要内容

任务13 有机高分子材料和无机非金属材料的辨识

引导文

飞机上用了哪些材料？有高分子材料吗？你所知道的高分子材料有哪些？

20世纪七八十年代，尼龙袜（图13-1）在我国十分流行。其易洗易干、结实耐用、伸缩性好、花色多样的特点受到了老百姓的喜爱。尼龙袜的出现源于我国的纺织业从纯棉时代开始走向多元化，中国人开始能自制尼龙和腈纶了。尼龙到底是什么呢？它属于有机物还是无机物？尼龙可以制作零件吗？

学习流程

图13-1 曾风靡一时的尼龙袜

一、确认信息

确认如图13-1所示的材料信息，开始我们的任务。

二、领会任务

逐条领会任务。试试看除了学习任务单（表13-1）中的问题，还有没有其他的兴趣点需要探索，可在探究过程中进行讨论。

表13-1 任务13学习任务单

姓名		日期	年　月　日　星期
任务13　有机高分子材料和无机非金属材料的辨识			
序号	任务内容		
1	有机高分子材料是什么？先思考,再查阅资料以明确概念		
2	有机高分子材料包括哪些类型？各有什么性能特点？讲一讲		
3	塑料可以用在工程领域吗？讲讲常见的工程塑料有哪些		
4	尼龙在日常生活和工程领域中有哪些应用？讲一讲		
5	什么是无机非金属材料		
6	无机非金属材料有哪几类？说一说		
7	结构陶瓷材料有哪些？你对哪种材料感兴趣？说一说		
8	功能陶瓷材料有哪些？你对哪种材料感兴趣？说一说		
9	分享资料来源		

三、探究参考

（一）有机高分子

高分子又称为聚合物或大分子，它是由许多重复单元通过共价键有规律地连接而成的分子，具有高的相对分子质量。高的相对分子质量是相对于一般的小分子化合物而言的，并无严格界限，一般将

相对分子质量为 $10^4 \sim 10^6$ 的聚合物称为高聚物，而相对分子质量小于 10^4 的聚合物称为低聚物。

1. 高分子材料的分类

高分子材料的分类如图 13-2 所示。

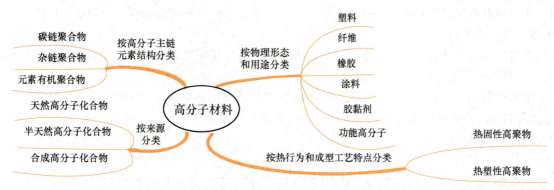

图 13-2　高分子材料的分类

按照用途分类的方法是人们现在经常使用的，也是真正把高分子材料从材料角度进行分类的一种方法。

2. 常用高分子材料的组成及用途

本任务重点探究塑料和橡胶两种高分子材料。

（1）塑料　塑料密度小，有良好的绝热性和耐热性、良好的绝缘性和耐蚀性；强度、刚度和韧性都很低，硬度低于金属，但具有良好的减摩性。塑料还表现出一定的蠕变和应力松弛现象。塑料在外力作用下表现出的是一种黏弹性的力学特征，即形变和外力不同步。

塑料的组成：聚合物是塑料的主要成分，但单纯的聚合物性能往往不能满足成型生产中的工艺要求和成型后的使用要求，因此必须在聚合物中添加一定数量的添加剂来改善聚合物的性能。塑料的组成如图 13-3 所示。

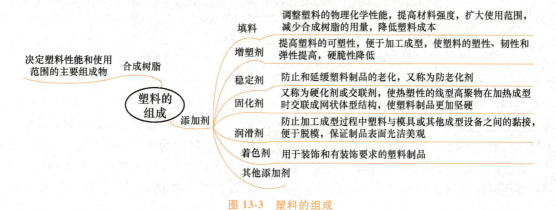

图 13-3　塑料的组成

塑料的分类如图 13-4 所示。

图 13-4　塑料的分类

1）合成塑料是指用低分子化合物经化学反应制成高分子化合物，再经加工制成的塑料制品或在生成高分子化合物的同时进行成型的塑料制品。这类塑料品种有聚苯乙烯、酚醛树脂、聚氯乙烯等。

2)半合成塑料是指用天然高分子材料制造的塑料,如纤维素塑料。

3)热塑性塑料是指受热时可以塑化和软化,冷却时则凝固成型,温度的改变可令其反复变形的塑料。

4)热固性塑料是指受热时会塑化和软化,发生化学交联反应并固化成型,冷却后如再次受热时不再发生塑化变形的塑料。

5)通用塑料的生产成本低,产量大,性能多样化,主要用来生产日用品或一般工农业用材料,如人造革、塑料薄膜、泡沫塑料、电缆绝缘层等。

6)工程塑料的成本较高,产量不大,但有优良的机械强度和耐摩擦、耐热、耐化学腐蚀等特性,可作为工程材料制成轴承、齿轮等机械零件,以代替金属、陶瓷等。

常用的工程塑料及用途见表13-2。

表13-2 常用的工程塑料及用途

材料和产品	用途
聚氯乙烯(PVC)	耐蚀性好、机械强度高、电性能好、软化点低,用于型材,如门窗、节能材料、管材、聚氯乙烯膜、薄膜、各种硬度的板材、包装材料及日用品等
丙烯腈-丁二烯-苯乙烯共聚物(ABS)	有良好的综合性能;耐热性、耐油性好;尺寸稳定,易成型,表面可镀金属。可做一般结构或耐磨受力零件,如齿轮、轴承等;耐腐蚀设备和零件;用ABS制成的泡沫夹层板可做小轿车车身
聚甲基丙烯酸甲酯(PMMA,有机玻璃)	有良好的透光性,较高的机械强度,重量轻,易于加工,耐候性好,在低温时仍能保持高的冲击强度,坚韧而具有弹性,主要用于制造飞机、汽车上的透明窗玻璃以及光学仪器
聚酰胺(PA,尼龙)	具有良好的力学性能、耐热性、耐磨性、耐化学腐蚀性、阻燃性和自润滑性,容易加工,摩擦系数小,适用于玻璃纤维和其他材料的填充增强改性等,广泛应用于汽车、电子电器、包装及日用消费品等领域。机械领域常用来制造无润滑或少润滑条件下轻、中等载荷下工作的耐磨受力传动零件,如要求比较精密的齿轮
聚碳酸酯(PC)	热塑性工程塑料,抗冲击能力强、耐蠕变、尺寸稳定性好、耐热性好;吸水率低、透光性好,接近有机玻璃。可制造支架、壳体、垫片等一般结构零件;耐热透明结构零件,如防爆灯、防护玻璃等;各种仪器、仪表的精密零件
聚丙烯(PP)	最轻的塑料之一,刚性好、耐热性好,可在100℃以上的高温下使用,化学稳定性好,几乎不吸水,高频电性能好,易成型低温成脆性,耐磨性不高,用于制作一般结构材料、耐腐蚀的化工设备及零件、受热的电气绝缘零件等
聚甲醛(POM)均聚	用作对强度有一定要求的一般结构零件,轻载荷无润滑或少润滑的各种耐磨、受力传动零件和自润滑零件

(2)橡胶 橡胶是高聚合物中具有高弹性的一种物质,在很小的外力作用下会产生很大的变形,除去外力后能恢复原状。橡胶具有很高的可挠性、耐磨性、电绝缘性、隔声性及吸振性。橡胶用途广泛,可制作轮胎、密封元件、减振及防振零件、传动件等。未经硫化的橡胶一般称为生橡胶,没有使用价值。硫化以后的橡胶称为硫化橡胶,也称为橡胶。硫化是在橡胶中加入硫化剂和其他配合剂,通过加温、加压并保持一定时间,使线型大分子转变为三维网状结构的过程。橡胶的组成如图13-5所示。

图13-5 橡胶的组成

橡胶的品种很多,按其来源可分为天然橡胶和合成橡胶。

1)天然橡胶。天然橡胶是橡树上流出的胶乳,经凝固、干燥、加压等工序制成的生胶片,再经硫化工艺制成的弹性体,是以异戊二烯为主要成分的不饱和状态的天然高分子化合物。天然橡胶具有很好的弹性，耐油，弹性模量为 3~6MPa，有较好的力学性能和良好的耐碱性及电绝缘性，缺点是不耐强酸和高温，常用来制造轮胎。

2）合成橡胶。合成橡胶种类繁多，按用途分为通用合成橡胶和特种合成橡胶。

常见的通用合成橡胶有：丁苯橡胶（SBR）；顺丁橡胶（BR），由丁二烯聚合而成；氯丁橡胶（CR），由氯丁二烯聚合而成，有"万能橡胶"之称；乙丙橡胶（EPDM），由乙烯和丙烯共聚而成。

常见的特种合成橡胶有：丁腈橡胶（NBR），由丁二烯和丙烯共聚而成；硅橡胶，由二基硅氧烷与其他有机硅单体共聚而成；氟橡胶（FKM），是一种以碳原子为主链，含有氟原子的聚合物。

常用橡胶及用途见表 13-3。

表 13-3 常用橡胶及用途

类别	名称	主要特点及用途
	天然橡胶（NR）	较高的弹性、耐磨性和加工性，其综合力学性能优于多数合成橡胶，但耐氧、耐油、耐热性差，容易老化变质，广泛用于制造轮胎、胶带、胶管、胶鞋及各种通用橡胶制品
通用橡胶	丁苯橡胶（SBR）	丁苯橡胶与天然橡胶相比，具有良好的耐热性、耐磨性、耐油性、绝缘性和抗老化性且价格低廉；能与天然橡胶以任意比例混用，在大多数情况下可代替天然橡胶使用。其缺点是生胶强度低，黏性差，成型困难，硫化速度慢，制成的轮胎在使用中发热量大，弹性差，主要用于制造轮胎、胶带、胶布、胶管、胶鞋等，是天然橡胶理想的代用品
	顺丁橡胶（BR）	性能接近天然橡胶，且弹性、耐磨性和耐寒性好，但抗撕裂性及加工性能差，多与其他橡胶混合使用，用于制造轮胎、胶管、耐寒制品、减振器制品等
	氯丁橡胶（CR）	力学性能好，且有优良的耐油性、耐热性、耐酸性、耐老化性、耐燃烧性等，但电绝缘性差，密度大，加工难度大，价格较贵，主要用于制造运输带、胶管、胶带、胶黏剂、电缆护套以及耐蚀管道、各种垫圈和门窗嵌条等
特种橡胶	丁腈橡胶（NBR）	具有高的耐油性、耐燃烧性、耐热性、耐磨性和耐老化性，且对某些有机溶剂具有很好的耐腐蚀能力，但电绝缘性和耐臭氧性差，主要用于制造耐油制品，如输油管、燃料桶、油封、耐油垫圈等
	聚氨酯橡胶（UR）	具有较高的强度和弹性，优异的耐磨性、耐油性，但耐水、耐酸、耐碱性较差，主要用于制造胶轮、实心轮胎、耐磨件和特种垫圈等
	氟橡胶（FKM）	具有突出的耐蚀性和耐热性，能抵御酸、碱、油等多种强腐蚀介质的侵蚀，但低温性和加工性相对较差，主要用于制作飞行器的高级密封件、胶管以及耐腐蚀材料等
	硅橡胶（VMQ）	具有独特的耐高温和低温性，电绝缘性好，抗老化性强，但强度低，耐油性差，价格高，主要用于制作耐高低温的零件、绝缘件以及密封、保护材料等

（二）无机非金属材料

传统的无机非金属材料又称为硅酸盐材料，主要包括陶瓷、玻璃、水泥和耐火材料四大类，就其化学组成和结构来看均属硅酸盐类。同时，从此类材料的发展历史和应用面广泛程度来看，陶瓷材料最具有代表性，因此又称其为陶瓷材料。

现代意义上的陶瓷材料是以天然硅酸盐（黏土、长石、石英等）或人工合成化合物（氧化物、碳化物、氮化物等）为原料，用传统陶瓷工艺方法制造的新型陶瓷。一大批具有各种功能（机、电、声、光、热、磁、铁电、压电和超导）和特性的材料和一些新材料如人工晶体材料、非晶态材料、先进陶瓷材料（包括功能和结构）、无机涂层材料、碳材料、超硬材料和无机复合材料的相继涌现，逐步发展成为现今在材料科学研究前沿领域中最活跃、最具活力的新型无机非金属材料。

无机非金属材料的分类如图 13-6 所示。

本任务着重了解结构陶瓷材料和功能陶瓷材料。

图 13-6 无机非金属材料的分类

1. 结构陶瓷材料

结构陶瓷又称为工程陶瓷，至今尚无统一的定义。国内学者倾向于这样定义："结构陶瓷主要是指发挥材料机械、热、化学和生物等效能的一大类先进陶瓷。由于它们具有耐高温、高耐磨、耐腐蚀、耐冲刷等一系列优异性能，可以承受金属材料和高分子材料难以胜任的严酷工作环境，常常是某些新兴科学技术得以实现的关键，在能源、航空航天、机械、汽车、冶金、化工、电子和生物等方面具有广阔的应用前景及潜在的巨大经济和社会效益，受到各发达国家的高度重视。"

结构陶瓷材料的分类如图13-7所示。

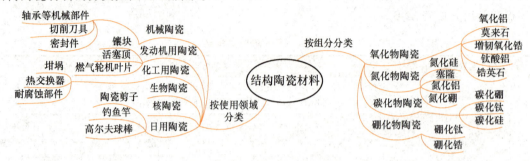

图13-7 结构陶瓷材料的分类

常用结构陶瓷材料的性能及用途如下。

（1）氧化铝陶瓷 它的主要成分是Al_2O_3和SiO_2，Al_2O_3的含量越高，其性能越好。氧化铝陶瓷的性能特点：硬度高，仅次于金刚石、立方氮化硼、碳化硼和碳化硅；耐高温，熔点可达2050℃，可在1600℃下长期使用；耐酸碱的侵蚀能力强；韧性低、脆性大，不能承受温度的急剧变化。

作为高速切削的刀具，在切削条件相同的情况下，它有着比高速工具钢更高的软化温度。例如，含钴的高速工具钢刀具软化至硬度为55HRC的温度为600℃左右，而氧化铝陶瓷刀具可达1200℃。因此，氧化铝陶瓷可用来制作切削刀具，也可制作磨具及熔化金属的坩埚、高温热电偶、保护套管等。

（2）氮化硅陶瓷 氮化硅（Si_3N_4）为六方晶系的晶体。如采用热压烧结的氮化硅陶瓷，其气孔率接近于零，因此抗弯强度可高达800～1000MPa，高于其他烧结方法。

氮化硅陶瓷的性能特点：硬度高，耐磨性好，化学稳定性好；除氢氟酸外，能抵抗各种酸、碱和熔融金属的浸蚀；其抗氧化温度可达1500℃；抗热振性好，大大高于其他陶瓷材料，是优良的高温结构陶瓷。

氮化硅陶瓷主要用来制作高温轴承、燃气轮机叶片、燃烧室喷嘴及高温模具等。

（3）碳化硅陶瓷 它的主要组成物是SiC。碳化硅陶瓷是一种高强度、高硬度的耐高温陶瓷，具有较强的高温强度，其抗拉强度在1200～1400℃仍能保持得很高。碳化硅陶瓷还具有良好的导热性、抗氧化性、导电性，耐磨性、耐蚀性也很好，可制作火箭尾喷管喷嘴、热电偶套管、高温电炉的零件、各种泵的密封圈、砂轮、磨料等。

（4）氮化硼陶瓷 它的主要成分为BN，按氮化硼的晶体结构不同可分为六方氮化硼和立方氮化硼两种。立方氮化硼的硬度仅次于金刚石，常用于制作磨料和高速切削刀具。六方氮化硼的晶体结构与石墨相似，强度比石墨高，具有很好的耐热性、良好的化学稳定性和切削加工性，适用于制造坩埚、高温轴承、玻璃制品模具等。

2. 功能陶瓷材料

功能陶瓷材料是指以电、磁、光、声、热、力、化学和生物等信息的检测、转换、耦合、传输及存储等功能为主要特征的陶瓷材料。

功能陶瓷材料的分类如图13-8所示。

常用功能陶瓷材料的应用见表13-4。

图13-8 功能陶瓷材料的分类

表 13-4 常用功能陶瓷材料的应用

类别		成分举例	应用
电功能陶瓷	绝缘陶瓷	Al_2O_3、BeO、MgO、AlN、Si_3N_4	集成电路基板、封装、高频绝缘等
	介电陶瓷	TiO_2、$CaTiO_3$、$Ba_2Ti_9O_{20}$	高频陶瓷电容器、微波器件等
	铁电陶瓷	$BaTiO_3$、$Pb(Mg_{1/3}Nb_{2/3})O_3$、$(PbLa)(Zr,Ti)O_3$	陶瓷电容器、红外传感器、薄膜存储器、电光器件等
	压电陶瓷	$Pb(Zr,Ti)O_3$、$PbTiO_3$、$LiNbO_3$、$(Bi_{1/2}Na_{1/2})TiO_3$	超声换能器、谐振器、滤波器、压电点火器、压电驱动器、微位移器等
	半导体陶瓷	NTC(Mn、Co、Ni、Fe、$LaCrO_3$、ZrO_2-Y_2O_3、SiC)	温度传感器、温度补偿器
		PTC(Ba-Sr-Pb)TiO_3	温度补偿和自控加热元件
		CTR(V_2O_5)	热传感元件
		压敏电阻 ZnO	浪涌电流吸收器、噪声消除器、避雷器等
		SiC 发热体	电炉、小型电热器等
		半导性 $BaTiO_3$、$SrTiO_3$	晶界层电容器
	快离子导电陶瓷	β-Al_2O_3、ZrO_2	钠硫电池固体电解质、氧传感器、燃料电池等
	高温超导陶瓷	Y-Ba-Cu-O、La-Ba-Cu-O	超导器件等
磁功能陶瓷	软磁铁氧体	Mn-Zn、Cu-Zn、Cu-Zn-Mg、Ni-Zn 铁氧体	记录磁头、温度传感器、电视机、收录机、通信机、磁心、电波吸收体
	硬磁铁氧体	$BaFe_{12}O_{19}$、$SrFe_{12}O_{19}$	铁氧体磁石
生物功能陶瓷	生物陶瓷	Al_2O_3、羟基磷灰石	人造牙齿、关节骨

四、汇报展示

请从学习任务单中抽取相关内容进行组合,也可将查阅的资料加工整理,采用适当的方式进行汇报。汇报方式参考表 13-5 中的"资源整合"。

五、评价总结

汇报环节结束后请完成表 13-5。

表 13-5 任务 13 评价表

指标	评分项目	自我评价	得分点	得分
知识获取	□熟悉高分子材料的分类	□结论明确 □查阅快捷、简便 □抓住重点 □及时总结 □及时释疑 □发现兴趣点	每项 5 分 共 40 分	
	□了解高分子材料的性能特点			
	□了解塑料的分类及应用			
	□了解橡胶的分类及应用			
	□了解无机非金属材料的定义			
	□了解结构陶瓷材料的分类			
	□了解功能陶瓷材料的分类			
	□能够在本任务中找到兴趣点并计划查阅资料			
学习方法	□能从学习任务单中明确学习重点	□清晰 □快速 □模糊 □慢速	每项 4 分 共 12 分	
	□能够边阅读边记重点			
	□能够在阅读后分析材料的叙述框架			

(续)

指标	评分项目		自我评价	得分点	得分
学习能力	注意力	□持续集中　□短时集中　□易受干扰　□与阅读材料难易有关		每项4分共28分	
	理解力	□完全理解　□部分理解　□讨论后理解　□教师讲解后理解 □仍有问题未解决			
	阅读分析	□梳理本次任务内容			
	资源整合	□文本　□图表　□陈述　□导图　□表达式　□一份清单 □系列情境			
	表达能力	□开场展示任务12课后查阅的资料	教师点评:		
		□汇报展示环节			
		□回答问题口齿清楚、内容明确			
素养提升	主动参与	□积极主动阅读、记笔记		每项5分共20分	
	独立性	□自觉完成任务　□需要督促	□符合 □一般 □有进步		
	自信心	□及时理解　□若时间允许能解决 □感觉有点难			
	信息化应用	分享资料渠道与类型:			
总评:□满意　□不满意　□还需努力　□有进步				总分:	

习题测试

1. 【填空】_____是塑料的主要成分。

2. 【填空】无机材料中除金属以外的材料统称为无机非金属材料。传统意义上的无机非金属材料主要有_____、_____、_____和_____。

3. 【多选】橡胶用途广泛，可制作（　　）。
   A. 轮胎　　B. 减振及防振零件　　C. 密封元件　　D. 传动件

4. 【单选】下列不属于高分子材料的是（　　）。
   A. 塑料　　B. 橡胶　　C. 合成纤维　　D. 乙烯

5. 【单选】下列物质中一定属于合成高分子材料的是（　　）。
   A. 塑料　　B. 橡胶　　C. 纤维　　D. 钢铁

6. 【判断】结构陶瓷材料具有耐高温、高耐磨、耐腐蚀、耐冲刷等一系列优异性能。（　　）

7. 【判断】尼龙是一种高分子材料，属于橡胶的一种。（　　）

拓展阅读

可以想象有弹性的陶瓷吗？硬度和弹性在自然界中是一对"矛盾体"，一种物质往往难以同时具有这两种特性。浙江大学研究团队实现了突破，他们从分子尺度将有机化合物和无机离子化合物融合在一起，创造出了一种同时具备较好硬度和弹性的全新物质，并将其命名为"弹性陶瓷塑料"，使中国成为全球第3个有能力生产陶瓷弹簧的国家。将"弹性陶瓷塑料"的性能与陶瓷、橡胶、塑料、金属做对比，发现它在硬度、回弹、强度、形变和切削加工性等几个指标上，都有"高分表现"：既有大理石的硬度又有橡胶的弹性，还有塑料的可塑性，而且加热后不会软化。

以"弹性陶瓷塑料"为代表的新分子、新结构、新材料将有望应用于基础化学、材料科学等诸多研究领域，也有望在日化品、医学材料以及高精尖领域得到应用。

任务14　复合材料的辨识

引导文

你对复合材料的了解有哪些呢？各抒己见，说说吧！

图 14-1 所示为新一代大型客机复合材料应用现状。试着从图中显示的数据结合复合材料新内容，提出自己想弄清楚的问题吧！你能提出几个问题呢？

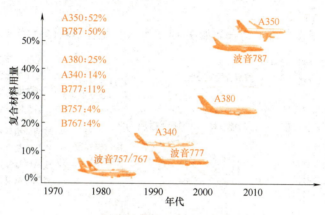

图 14-1　新一代大型客机复合材料应用现状

学习流程

一、确认信息

再次确认自己想要探究的问题，结合表 14-1 提出的问题，开始我们的任务。

二、领会任务

逐条领会任务（表 14-1），试用新材料创新的思维理解复合材料的性能特点及应用，深刻领会本任务。

表 14-1　任务 14 学习任务单

姓名		日期	年　月　日　星期
任务 14　复合材料的辨识			
序号	任务内容		
1	复合材料是什么？说出来，明确它的概念		
2	复合材料受到青睐，为什么？讲一讲		
3	复合材料是不是仅能用于航空领域呢？结合已有的认知讲一讲		
4	复合材料主要有哪些类型？说一说		
5	玻璃钢和钢化玻璃是一回事吗？玻璃钢性能如何？有什么用途		
6	复合材料在飞机上有哪些应用？查一查，说一说		
7	层叠复合材料在生活中、生产中有哪些应用？讲一讲		
8	新型复合材料有哪些？查一查，分享一下		
9	分享资料来源		

三、探究参考

（一）复合材料的定义

顾名思义，复合材料不是单一材质的材料。国际标准化组织给出的定义是："由两种或两种以上物理和化学性质不同的材料组合而成的一种多相固体材料。"我们可以理解为：复合材料是由两种或两种以上的异质、异形、异性的原材料通过某种工艺组合而成的一种新材料。

复合材料是一种多相材料，其包括基体相和增强相。基体相是一种连续相材料，其把改善性能的增强相材料固结成一体，并起传递应力的作用；增强相一般为分散相，主要起承受应力和显示功能的作用，这两相最终以复合的固相材料出现。

复合材料既能保持原组成材料的重要特性，又可通过复合效应使各组分的性能相互补充，获得原组分不具备的许多优良性能。

（二）复合材料的分类和性能特点

复合材料的分类方法很多，常见的分类如图14-2所示。复合材料的性能特点如图14-3所示。

图14-2 复合材料的分类

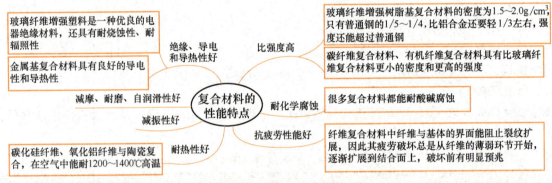

图14-3 复合材料的性能特点

（三）复合材料的应用

复合材料有很多种，下面以不同增强材料形态的复合材料为例来了解其应用。感兴趣的同学可查阅探寻其他复合材料的相关资料。

1. 纤维增强复合材料

纤维增强复合材料由于纤维和基体不同，故品种很多，如碳纤维增强环氧树脂、硼纤维增强环氧树脂、Kevlar纤维增强环氧树脂、Kevlar纤维增强橡胶、玻璃纤维增强塑料、硼纤维增强铝、石墨纤维增强铝、碳纤维增强陶瓷和玻璃纤维增强水泥等。

玻璃纤维增强复合材料是以玻璃纤维为增强相，以树脂为基体相而制成的，其抗拉强度可与钢材相媲美，因此得名玻璃钢。它在航空、火箭、宇宙飞行器、高压容器以及其他需要减轻自重的制品应用中，都具有卓越成效，如图14-4和图14-5所示。

以热塑性塑料，如尼龙、聚苯乙烯等为基体相制成的热塑性玻璃钢，与基体材料相比，强度、抗疲劳性、冲击韧度均可提高两倍以上，达到或超过某些金属的强度，可用来制造轴承、齿轮、仪表盘、壳体等零件。

以热固性树脂，如环氧树脂、酚醛树脂等为基体相制成的热固性玻璃钢，具有密度小、比强度高、耐蚀性、绝缘性、成形工艺性好的优点，可用来制造车身、船体、直升机旋翼、仪表元器件等。

图14-4 玻璃钢储罐

图14-5 玻璃钢仪表保护箱

碳纤维增强复合材料通常由碳纤维与环氧树脂、酚醛树脂、聚四氯乙烯树脂等组成，具有密度小，强度、弹性模量及疲劳极限高，冲击韧度高、耐腐蚀、耐磨损等特点，可用于制作飞行器的结构件，齿轮、轴承等机械零件以及化工设备和耐蚀件，如图14-6和图14-7所示。

图14-6 碳纤维齿轮

图14-7 碳纤维飞机蒙皮

2. 层叠增强复合材料

层叠增强复合材料是由两层或两层以上不同材料复合而成的。用层叠法增强的复合材料的强度、刚度、耐磨、耐蚀、绝热、隔声、减轻自重等性能都分别得到了改善，其应用如图14-8所示。

三层复合材料是由两层薄而强度高的面板及中间一层轻而柔的材料构成的。面板一般由强度高、弹性模量大的材料组成，如金属板等；中间夹层结构有泡沫塑料和蜂窝格子两大类。这类材料的特点是密度小、刚性和抗压稳定性高、抗弯强度高，常用于航空、船舶、化工等工业，如船舶的隔板及冷却塔等。

3. 颗粒增强复合材料

颗粒增强复合材料是由一种或多种颗粒均匀分布在基体材料内而制成的。大小适宜的颗粒高度弥散分布在基体中主要起增强作用。

常见的颗粒增强复合材料有两类。

（1）金属颗粒与塑料复合　金属颗粒加入塑料中，可改善导热、导电性，减小线膨胀系数。将铅粉加入氟塑料中，可用作轴承材料；含铅粉多的塑料可作为射线的罩屏及隔声材料。

（2）陶瓷颗粒与金属复合　陶瓷颗粒与金属复合即金属陶瓷。两者复合，取长补短，使金属陶瓷具有硬度和强度高、耐磨损、耐腐蚀、耐高温和热膨胀系数小等优点，是一种优良的工具材料，其硬度可与金刚石媲美。例如，WC硬质合金刀具就是一种金属陶瓷，如图14-9所示。

四、汇报展示

请从学习任务单中抽取相关内容进行组合，也可将查阅的资料加工整理，采用适当的方式进行汇报。汇报方式参考表14-2中的"资源整合"。

五、评价总结

汇报环节结束后请完成表14-2。

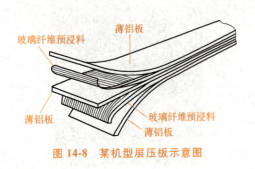

图 14-8 某机型层压板示意图

图 14-9 金属陶瓷刀具

表 14-2 任务 14 评价表

指标	评分项目		自我评价	得分点	得分
知识获取	□掌握复合材料的概念		□结论明确 □查阅快捷、简便 □抓住重点 □及时总结 □及时释疑 □发现兴趣点	每项 5 分 共 40 分	
	□理解复合材料基体相和增强相的作用				
	□掌握复合材料的性能特点				
	□熟悉复合材料的分类				
	□熟悉玻璃钢的性能及应用				
	□熟悉碳纤维增强复合材料的应用				
	□了解层叠增强复合材料的应用				
	□熟悉颗粒增强复合材料的应用				
学习方法	□能从学习任务单中明确学习重点		□清晰 □快速 □模糊 □慢速	每项 4 分 共 12 分	
	□能够边阅读边记重点并发现拓展点				
	□能够在阅读后分析梳理复合材料的应用				
学习能力	注意力	□持续集中 □短时集中 □易受干扰 □与阅读材料难易有关	教师点评：	每项 4 分 共 28 分	
	理解力	□完全理解 □部分理解 □讨论后理解 □教师讲解后理解 □仍有问题未解决			
	阅读分析	□根据学习材料内容分析不同复合材料的异同点			
	资源整合	□文本 □图表 □陈述 □导图 □表达式 □一份清单 □系列情境			
	表达能力	□开场展示中对已有知识描述的情况			
		□汇报展示环节			
		□回答问题口齿清楚、内容正确			
素养提升	主动参与	□积极主动阅读、记笔记	□符合 □一般 □有进步	每项 5 分 共 20 分	
	独立性	□自觉完成任务 □需要督促			
	自信心	□及时理解 □若时间允许能解决 □感觉有点难			
	信息化应用	分享资料渠道与类型：			
总评：□满意 □不满意 □还需努力 □有进步					总分：

习题测试

1. 【填空】复合材料是指_____。
2. 【填空】玻璃纤维增强复合材料是以_____为增强相，以_____为基体相而制成的。
3. 【多选】碳纤维增强复合材料的性能特点是（   ）。
   A. 密度小   B. 强度、弹性模量高

C. 冲击韧度高　　　　　　D. 耐腐蚀，耐磨损

4. 【判断】颗粒增强复合材料中金属颗粒或陶瓷颗粒分布在基体中主要起增强作用。（　　）

5. 【判断】玻璃钢就是钢化玻璃。（　　）

6. 【判断】复合材料既能保持原组成材料的重要特性，又能获得原组分不具备的许多优良性能。（　　）

拓展阅读

据央视网 2022 年 10 月 13 日报道，中国石化发布的消息，我国首套万吨级 48K 大丝束碳纤维生产线产出合格产品，达到国际先进水平。投产的大丝束碳纤维是一种碳的质量分数在 95% 以上的高强度新型纤维材料，其比重不到钢的 1/4，强度却是钢的 7~9 倍，并且具有耐腐蚀的特性，被称为"新材料之王"，可广泛应用于风能、太阳能、高铁动车、飞机部件等领域。在碳纤维行业内，通常将每束碳纤维根数大于 48000 根（简称 48K）称为大丝束碳纤维。目前，国内每束碳纤维基本处于 1000~12000 根范围内，称为小丝束。大丝束最大的优势是在相同的生产条件下，可大幅度提高碳纤维单线产能和质量、性能，并实现生产低成本化。

项目 5　材料的辨识综合训练

项目导读

本项目是在前面探究材料使用性能和辨识材料的基础上进行的两个综合性任务。学习工程材料知识是为了更好地指导生产实践，在生产中接触最多的莫过于零件和刀具，因此本项目注重联系材料性能、牌号及应用三方面的内容，如项目 5 导图所示。

项目 5 导图　主要内容

任务 15　零件材料的鉴别

引导文

放眼四周，处处可见材料的身影。利用几分钟时间选择周围至少三种材料，指出它们的类别。

小航在焊工岗位实习，在师傅的悉心指导下，他取得了很大进步，焊接的焊缝质量越来越高。一天，同事拿了两个零件请他帮忙焊接。由于上次他帮别人焊接导致零件产生裂纹，这次他不敢贸然下手。上次的事情请教了师傅后，得知焊接操作没问题，问题出在零件不宜焊。这次他没忘记首先请教师傅，只见师傅拿起砂轮在两个零件的非加工表面上打磨了一下，然后肯定地说可以焊。小航小心翼翼焊完，果然没问题。小航觉得这也太神奇了！师傅是掌握了什么秘籍，怎么知道这两个零件是可以焊接的？师傅怎么知道零件的材料的？

学习流程

一、确认信息

确认小航所遇问题的实质，上次和本次问题的实质相同与否。

二、领会任务

逐条领会学习任务单（表 15-1），确认要解决的问题。

表 15-1 任务 15 学习任务单

姓名		日期	年 月 日 星期
任务 15 零件材料的鉴别			
序号	任务内容		
1	现场鉴别法的优点有哪些？适合在什么情况下使用？说说看		
2	火花鉴别会用到什么工具		
3	流线是怎么形成的？爆花是怎么形成的？描述一下		
4	试总结钢的含碳量与爆花形状之间对应的规律		
5	在进行火花鉴别前要去除待测表面的脱碳层、氧化层及气割层，说明理由		
6	根据碳元素的爆花特征分析 20 钢和 45 钢的火花特征		
7	钢铁的断口鉴别和火花鉴别在获得的信息上有什么差别		
8	如果从损坏的零件中发现了层状断口，应如何应对		
9	如果从损坏的零件中发现了纤维状断口，你会做何判断		
10	声音鉴别法主要用于哪两类材料的鉴别		
11	精确确定材料牌号的方法有哪些		
12	在"国家标准化管理委员会"网站中搜索"金属材料鉴别"，寻找感兴趣的标准		
13	分享资料来源		

三、探究参考

（一）零件材料的现场鉴别方法和种类

机械零件多数为钢铁材料制成，本任务对零件材料的鉴别主要针对钢铁材料进行探究。在生产或某种作业中，需要在现场快速确定钢铁材料的类别、质量等级等的方法，称为钢铁材料的现场鉴别法。此种鉴别要求方法简单、有效，能快速获得材料的类别等信息供作业者决策，且使用工具要简单、方便，有利于决策者做出判断。但河有两岸，事有两面。现场鉴别的方法实现简单、快捷的同时也损失了精确性，且现场鉴别过程往往与操作者的经验有关，也存在判断失误的情况。

现场鉴别法主要包括火花鉴别法、断口鉴别法和声音鉴别法。

1. 火花鉴别法

钢铁的火花鉴别法是通过对钢铁进行火花试验完成鉴别的。钢的火花试验是根据钢件在砂轮机上磨削出火花的特征推定或鉴别具体钢种。火花试验适用于碳素钢、合金钢、铸铁等，能鉴别出其中的常见合金元素，但对硫、磷、铜、铝及钛等元素无法分辨其火花特征。

（1）火花鉴别法的概念　火花鉴别法是当钢铁被砂轮磨削成高温微细颗粒被高速抛射出来时，在空气中剧烈氧化，金属微粒产生高热和发光，形成明亮的流线和爆花，根据流线和爆花特征，可大致鉴别钢的化学成分的方法。火花示意图如图 15-1 所示。

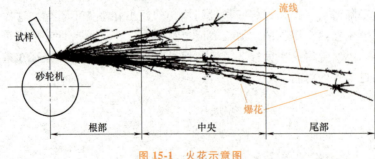

图 15-1　火花示意图

流线是磨削时高温熔融状的钢铁屑末从砂轮上直接飞射出来形成的趋于直线状的光亮轨迹。流线的长度、亮度及颜色与化学成分相关。

爆花是磨削时熔融态金属屑末在飞射中被强烈氧化爆裂而成的。组成爆花的每一根细小流线称为芒线。在芒线之间可见有点状似花粉分布的亮点，称为花粉。

（2）火花鉴别法的操作规范　试验前应去除待测表面的脱碳层、氧化层及气割层等，使其能磨削出代表待测件真实化学成分的火花。试验应尽量在较昏暗的环境下进行，便于观察火花。操作时，应使火花向水平或斜上方飞溅。

（3）火花的观察　应在火花的根部、中央及尾部各部位观察火花的流线及流线上的爆花。观察流线时，主要观察其颜色、亮度、长度、粗细及条数；观察爆花时，主要观察其形状、大小、数量及花粉等。

（4）碳元素的火花特征　碳在高温下产生的火花具有明显区别于其他元素的特征，如图 15-2 所示。根据碳元素火花分叉数量及形态推定含碳量，大致可区分碳的质量分数<0.25%、0.25%~0.5%及>0.5%三类。

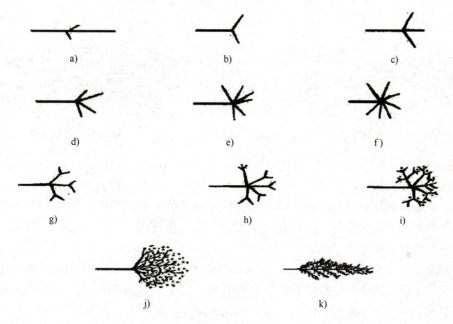

图 15-2　碳元素的火花特征

a）刺（碳的质量分数在 0.05%以下）　b）2 分叉（碳的质量分数约为 0.05%）　c）3 分叉（碳的质量分数约为 0.1%）
d）4 分叉（碳的质量分数约为 0.1%）　e）多分叉（碳的质量分数约为 0.15%）　f）星形分叉（碳的质量分数约为 0.15%）
g）3 分叉 2 次花（碳的质量分数约为 0.2%）　h）多分叉 2 次花（碳的质量分数约为 0.3%）　i）多分叉 3 次花
（碳的质量分数约为 0.4%）　j）分叉 3 次花附有花粉（碳的质量分数约为 0.5%）　k）羽毛状花（沸腾钢）

（5）合金元素的火花特征　合金元素的火花与碳元素的火花有很大区别，如图 15-3 所示。在很多情况下，一种材料的火花中既有碳元素的火花特征，也有其他合金元素的火花特征，往往是先根据碳元素的火花特征推定该材料的含碳量，再看有无合金元素的火花特征，以确定是否含有该种元素。

（6）常见材料的火花特征

1）20 钢。流线粗、稀，爆花少且多呈一次花，芒线粗、长并有明亮的节点，火花色泽为草黄带暗红色，如图 15-4 所示。

2）45 钢。流线长且多，芒线长，流线之间有少量花粉，爆裂程度较大，花型大，有一次花和二次花，节点明亮，尾部爆花数量多，色泽为黄亮色，如图 15-5 所示。

3）铸铁。火花束粗，流线多，一般为二次花，花粉多，爆花多，尾部渐粗下垂成弧形，颜色多为橙红。

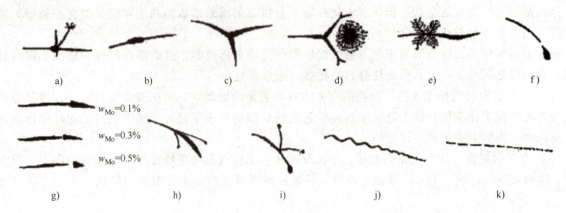

图 15-3 合金元素的火花特征

a）白玉（Si） b）膨胀节（Ni） c）分裂剑花（Ni） d）菊花状（Cr） e）附有白须的矛尖（W）
f）小滴（W） g）Mo 的质量分数与箭头形状 h）狐狸尾（W） i）裂花（W）
j）波状流线（W，高 Cr） k）断续流线（W，高 Cr）

图 15-4　20 钢火花

图 15-5　45 钢火花

2. 断口鉴别法

材料或零部件因受机械作用的影响而导致破断，此时所形成的自然表面称为断口。在企业生产实践中，常根据零件断口的特征判断零件材料的种类以及相关的热处理状态，也常根据零件断口的特征来判断零件材料是否存在质量缺陷，从而查找生产各环节出现的问题，以改进产品质量。下面给出了几种常见的断口及其对应的鉴别信息。

（1）纤维状断口　形似纤维状物横断后的形貌，这种断口没有金属光泽，色质较灰暗，通常在这种断口的边缘有显著的塑性变形。纤维状断口是金属构件发生塑性大变形（整体的或局部的）后发生慢速断裂时形成的，这是韧性断裂的特征，是一种正常断口，如图 15-6 所示。

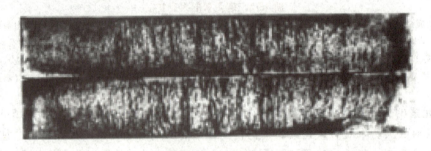

图 15-6　纤维状断口

（2）瓷状断口　瓷状断口是一种具有绸缎光泽、致密、类似细瓷碎片的亮灰色断口，这种断口常出现在共析钢、过共析钢和经淬火或淬火和低温回火后的某些合金结构钢材上，是一种正常断口，如图 15-7 所示。

（3）结晶状断口　断口一般平齐，呈亮灰色，有强烈的金属光泽和明显的结晶颗粒；在强光下转动时，断口闪闪发光。此种断口常出现在热轧或退火的钢材上，是一种正常断口，如图 15-8 所示。

（4）层状断口　在纵向断口上，沿热加工方向呈现出无金属光泽的、凹凸不平的、层次起伏的条

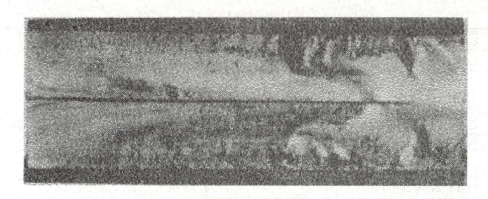

图 15-7　瓷状断口

图 15-8　结晶状断口

带，条带中伴有白亮或灰色线条。此种缺陷类似显著的朽木状，一般均分布在偏析区内。层状主要是由于多条相互平行的非金属夹杂物的存在造成的。此种缺陷对纵向力学性能影响不大，使横向塑性、韧性显著降低，如图 15-9 所示。

3. 声音鉴别法

生产现场有时也根据钢铁敲击时声音的不同对其进行初步鉴别。声音鉴别法主要用于鉴别灰铸铁和钢。灰铸铁被敲击所发出的声音沙哑，无余音，同样形状的钢被敲击时，声音清脆，常有悦耳余音。这主要是因为灰铸铁中的石墨常呈条状，好似有许多裂纹的钢，敲击时声音就沙哑。形状相同而硬度不同的淬火钢件在敲击时声音也是不同的：硬度高者敲击时声音清脆悦耳，硬度低者声音则较低沉。

图 15-9　层状断口

（二）精确确定材料牌号的方法

前文已述，现场鉴别的方法并不精确，并且与经验有关，如果需要精确地确定材料牌号，还需要使用其他的方法。这些方法包括金属化学成分分析法、光谱分析法等。

四、汇报展示

从学习任务单中抽取素材进行组合，形成汇报材料。采用适当的方式进行汇报。汇报方式参考表 15-2 中的"资源整合"。

五、评价总结

汇报展示之后，请完成表 15-2。

表 15-2 任务 15 评价表

指标	评分项目		自我评价	得分点	得分
知识获取	□熟悉钢材现场鉴别的应用场景		□结论明确 □抓住重点 □及时总结 □发现兴趣点	每项 5 分 共 40 分	
	□掌握火花鉴别法的基本原理				
	□掌握流线、爆花的产生机理				
	□掌握碳的火花特征				
	□掌握 20 钢和 45 钢火花特征的区别				
	□熟悉断口鉴别法的应用场合				
	□熟悉几种常见断口的特征				
	□熟悉声音鉴别法的应用对象				
学习方法	□能从学习任务单中提炼关键词		□清晰 □快速 □模糊 □慢速	每项 4 分 共 12 分	
	□能够仔细阅读并理解所查资料内容				
	□能够划出重点内容				
学习能力	注意力	□持续集中 □短时集中 □易受干扰 □与阅读材料难易有关		每项 4 分 共 28 分	
	理解力	□完全理解 □部分理解 □讨论后理解 □教师讲解后理解 □仍有问题未解决			
	阅读分析	□能快速区分钢和铸铁 □能快速区分高碳钢和低碳钢 □能归纳本次任务学习重点			
	资源整合	□文本 □图表 □陈述 □导图 □表达式 □一份清单 □系列情境			
	表达能力	□开场总结前面所学知识	教师点评：		
		□开场表述正确、完整、逻辑合理			
		□汇报展示			
素养提升	主动参与	□积极主动阅读、记笔记	□符合 □一般 □有进步	每项 5 分 共 20 分	
	独立性	□自觉完成任务 □需要督促			
	自信心	□及时理解 □若时间允许能解决 □感觉有点难			
	信息化应用	分享资料渠道与类型：			
总评：□满意 □不满意 □还需努力 □有进步				总分：	

习题测试

1. 【填空】现场鉴别法包括_____、_____和_____。

2. 【填空】磨削时，高温熔融状的钢铁屑末从砂轮上直接飞射出来形成的趋于直线状的光亮轨迹，称为_____。

3. 【填空】磨削时，熔融态金属屑末在飞射中被强烈氧化而发生爆裂，形成_____，组成爆花的每一根细小流线称为_____。

4. 【单选】42CrMo 材料淬火后的正常断口是（　　）。

   A. 瓷状断口　　　　B. 层状断口　　　　C. 结晶状断口

5. 【单选】下列（　　）能发现材料中的缺陷。

   A. 火花鉴别法　　　B. 断口鉴别法　　　C. 声音鉴别法

6. 【单选】若想精确确定零件的牌号，应选用（　　）。

   A. 火花鉴别法　　　B. 断口鉴别法　　　C. 化学成分分析法

7. 【判断】火花鉴别时，钢的含碳量越少，爆花越多。（　　）
8. 【判断】通过断口特征，往往能够判别钢材的热处理特征。（　　）
9. 【判断】声音鉴别法可以鉴别各种钢材。（　　）
10. 【判断】火花鉴别观察流线时，主要观察其颜色、亮度、长度、粗细及条数；观察爆花时，主要观察其形状、大小、数量及花粉等。（　　）

拓展阅读

黄金、白银是贵金属，不仅广泛用于首饰、装饰品的制作，还非常广泛地存在于工业产品中。黄金、白银的纯度直接决定其经济价值，但纯度很难从外观上进行鉴别，这对消费者经常造成困扰。黄金、白银的纯度鉴别通常采用光谱分析的方法，简单快捷。

任务16　刀具材料的选择

引导文

盘点学习过的各类材料，哪些材料适合做机器零件？哪些材料适合做刀具？将自己的见解说一说。

接下来看看小飞今天有什么发现。他领了几件坯料以及相关图样、工艺资料等，要求按图车削。加工时发现零件尺寸误差比以往大，经过仔细排查发现是刀具迅速磨钝的原因。他使用的是T10材料的车刀，以往加工Q235等材料时都没问题，今天不知为何。他研究了图样后发现，今天的坯料是不锈钢，再核对工艺，发现要求使用的刀具是YW1硬质合金车刀，于是换了刀具进行加工，一切顺利。奥妙何在？

学习流程

一、确认信息

确认小飞想要解决的问题。

二、领会任务

逐条领会学习任务单（表16-1），确认要解决的问题。

表16-1　任务16学习任务单

姓名		日期	年　月　日　星期
任务16　刀具材料的选择			
序号	任务内容		
1	刀具为何在高温下需要保持高硬度		
2	刀具的结构形式有哪些？分体式刀具的刀体一般采用什么材料		
3	焊接式刀具和机夹式刀具的优缺点有哪些？说说看		
4	刀具的刃部材料有哪些种类		
5	比较碳素工具钢刀具、合金工具钢刀具、高速工具钢刀具在热硬性和成本上的区别		
6	合金工具钢和高速工具钢在成分上有什么差别		
7	为何高速工具钢在600℃以下能保持60HRC以上的硬度		
8	高速工具钢刀具适合加工哪些材料		
9	钨钴类硬质合金和钨钛钴类硬质合金刀具各适合加工哪些材料		
10	陶瓷刀具和硬质合金刀具各有哪些缺点		
11	试比较工具钢刀具、硬质合金刀具、陶瓷刀具在热硬性上的差别		
12	在"国家标准化管理委员会"网站中搜索"切削刀具"，寻找感兴趣的标准		
13	分享资料来源		

三、探究参考

（一）刀具材料的性能

刀具材料对刀具寿命、加工效率、加工质量和加工成本等的影响很大。刀具切削时要承受高温、高压、摩擦、冲击和振动等作用。刀具材料应具备一些基本的性能。

(1) 高硬度和高耐磨性　任务7中探讨过，刀具材料的硬度必须高于工件材料的硬度，这是能进行切削加工的前提。刀具切削部分材料的硬度一般要求达到60HRC以上。耐磨性表示抵抗磨损的能力，它是刀具材料力学性能、组织结构和化学性能的综合反映。如果刀具的耐磨性差，将会快速磨损，也就使得切削过程不可持续。刀具材料的硬度越高，耐磨性往往也越好。

(2) 足够的强度和韧性　为了承受切削力、冲击和振动，刀具材料应具有足够的强度和韧性，防止刀具脆性断裂和崩刃。

(3) 耐热性　切削加工时会产生大量的切削热，这些热量不可避免地要传递到刀具上。因此，刀具材料的耐热性要好，能承受高的切削温度。要求刀具材料在高温下也能保持足够高的硬度、耐磨性和强韧性，这种性能称为热硬性。

(4) 好的工艺性能和经济性　刀具材料应具备好的锻造性、热处理性能、焊接性、磨削加工性等，而且要具有良好的性价比。

（二）刀具的结构形式

(1) 整体式　此种刀具是由一个坯料制造而成的，一体成形。常见的工具钢刀具一般采用整体式的结构。图16-1所示为整体式高速工具钢车刀。

(2) 分体式　分体式刀具又可以分为焊接式刀具和机夹式刀具。焊接式刀具是将刀具切削部分的材料与刀体材料进行焊接（钎焊）的一种刀具结构形式，硬质合金刀具一般采用这种形式，已在任务8中进行了简单介绍。机夹式刀具的切削部分是用机械夹持的方法固定在刀体上的，可拆换，硬质合金刀具和陶瓷刀具也可采用此种形式。分体式刀具的刀体材料一般采用普通碳素钢或合金钢，常用45钢或40Cr制造。图16-2所示为机夹式硬质合金车刀。

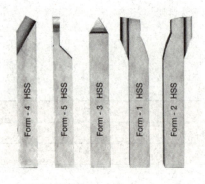

图16-1　整体式高速工具钢车刀

图16-2　机夹式硬质合金车刀

（三）刀具刃部材料的种类

刀具的刃部材料主要有工具钢、硬质合金、陶瓷、超硬刀具材料以及涂层刀具材料。

1. 工具钢刀具材料的种类、特点和选用

工具钢是指制造刀具、量具、模具和耐磨工具的钢。工具钢一般分为碳素工具钢、合金工具钢、高速工具钢。

(1) 碳素工具钢　碳素工具钢中碳的质量分数为0.65%～1.3%，以便在淬火+低温回火（参考任务20）后获得高硬度和高耐磨性。碳素工具钢的热硬性较差，切削温度高于250℃时硬度明显下降。但该材料的优点是价格便宜、退火后加工工艺性能良好，具有很好的成本优势。因此，一般对一些切削加工性良好且不太重要的零件，可使用此种刀具进行切削速度较低的加工，能获得良好的经济效益。常用碳素工具钢刀具材料的牌号有T10A、T12A等。

（2）合金工具钢　在碳素工具钢的基础上，加入 Cr、Mo、W、Si、Mn 等合金元素便形成了合金工具钢，其合金元素的质量分数小于 5%。加入这些合金元素后，材料的淬透性、韧性、耐磨性和耐热性得到了提高。作为刀具，其热硬性得到了改善，切削温度在 250~300℃ 时，合金工具钢的硬度依然能保持在 60HRC 以上。与碳素工具钢刀具相比，合金工具钢刀具的性能得到了提高，因此可加工的零件范围和可采用的切削速度均有所扩大和提高，但其价格也较碳素工具钢刀具略高。常用合金工具钢刀具材料的牌号有 9SiCr、CrWMn 等。

（3）高速工具钢　高速工具钢是在碳素工具钢基础上加入大量的 W、Mo、Cr、V 等合金元素形成的。经过热处理后，它能在 600℃ 以下保持 60HRC 以上的硬度，可采用比合金工具钢更高的切削速度进行切削，因此得名高速工具钢。W 和 Mo 是提高热硬性的主要元素。含有 W 和 Mo 的合金马氏体，有很高的回火抗力，且在 500~600℃ 时析出弥散的碳化物 W_2C，发生二次硬化，提高了钢的热硬性，同时还能提高钢的耐磨性。使用高速工具钢刀具的优势是，由于切削速度的增加，使其加工效率比碳素工具钢和合金工具钢提高了好几倍，虽然刀具成本较碳素工具钢和合金工具钢有所增加，但对于加工常规材料制成的工件来说，使用高速工具钢刀具可获得更优的经济性。常用高速工具钢刀具材料的牌号有 W18Cr4V、W6Mo5Cr4V2 等。要注意的是，高速工具钢刀具材料的优越性只是针对切削常规材料而言的，随着科技的发展，各种难加工材料不断涌现，常规的高速工具钢刀具材料已不满足使用要求。

2. 硬质合金刀具的种类、特点和选用

硬质合金素有"工业牙齿"之称，具有高硬度、耐腐蚀、耐磨损的性能特点。它采用粉末冶金工艺制造，是由金属碳化物（WC、TiC、TaC、NbC 等）和金属黏接剂（Co、Ni 等）经高压成形后，高温烧结而成的。硬质合金硬度可达 86~93HRA（相当于 69~81HRC），在 900~1000℃ 有很好的热硬性，耐磨性好，切削速度可比高速工具钢高 4~7 倍，刀具寿命可提高 5~80 倍。硬质合金的缺点是脆性大、价格高。硬质合金通常被制成一定规格的刀片，再通过焊接或机夹的方式与刀体连接，一般采用分体式结构。按硬质合金的成分，可分为钨钴类硬质合金、钨钛钴类硬质合金和通用硬质合金。

（1）钨钴类硬质合金　由碳化钨（WC）和金属钴（Co）粉末烧结而成。常见的刀具材料有 YG3、YG6、YG8 等，材料牌号后面的数字表示钴的含量（百分比）。钴的含量越高，韧性越好，硬度和耐磨性略有下降。这类硬质合金刀具一般用来加工铸铁、青铜等脆性材料和奥氏体不锈钢、钛合金等。

（2）钨钛钴类硬质合金　由碳化钨（WC）、碳化钛（TiC）和金属钴（Co）粉末烧结而成。常见的刀具材料有 YT5、YT15 等，材料牌号后面的数字表示碳化钛的含量（百分比）。碳化钛的含量越高，其硬度越高，强度、韧性越低。这类硬质合金常用来加工各种钢材等塑性材料，但不宜加工钛合金、硅铝合金。

（3）通用硬质合金　在钨钛钴类硬质合金中加入碳化钽（TaC）或碳化铌（NbC）制成，牌号有 YW1 和 YW2 两种，数字是序列号，不代表成分。通用硬质合金兼具钨钴类、钨钛钴类硬质合金的性能，综合性能好，热硬性高，常用来切削耐热钢、高锰钢、高速工具钢以及其他各种材料，故称其为万能硬质合金。

3. 陶瓷刀具的种类、特点和选用

陶瓷刀具有很高的硬度和耐磨性，常温硬度可达 91~95HRA，超过硬质合金，且又具有很高的耐热性，1200℃ 下硬度为 80HRA，强度、韧性降低较少，其摩擦系数较小，切屑不易黏刀，不易产生积屑瘤，缺点是脆性大，强度与韧性低，强度只有硬质合金的 1/2，因此不能承受冲击载荷，以防崩刃。按照成分分类，陶瓷可分为氧化铝基陶瓷和氮化硅基陶瓷。

（1）氧化铝基陶瓷　这类陶瓷是将一定量的碳化物（一般多用 TiC）添加到 Al_2O_3 中，并采用热压工艺制成，称为混合陶瓷或组合陶瓷。该种刀具材料可用于高速与超高速切削、干切削以及在中等切削速度下切削难加工材料。

（2）氮化硅基陶瓷　氮化硅基陶瓷是将硅粉经氮化、球磨后添加助烧剂置于模腔内热压烧结而成

的。氮化硅基陶瓷的性能优于氧化铝基陶瓷。

四、汇报展示

从学习任务单中抽取素材进行组合，形成汇报材料。采用适当的方式进行汇报。汇报方式参考表16-2中的"资源整合"。

五、评价总结

汇报展示之后，请完成表16-2。

表 16-2　任务 16 评价表

指标	评分项目		自我评价	得分点	得分
知识获取	□掌握刀具的材料性能要求		□结论明确 □抓住重点 □及时总结 □发现兴趣点	每项5分 共40分	
	□了解刀具的结构形式				
	□熟悉刀具材料的种类				
	□掌握工具钢刀具的性能特点				
	□熟悉工具钢刀具的选用				
	□掌握硬质合金刀具的特点				
	□熟悉硬质合金刀具的选用				
	□掌握陶瓷刀具的性能特点				
学习方法	□能从学习任务单中提炼关键词		□清晰　□快速 □模糊　□慢速	每项4分 共12分	
	□能够仔细阅读并理解所查资料内容				
	□能够划出重点内容				
学习能力	注意力	□持续集中　□短时集中　□易受干扰　□与阅读材料难易有关		每项4分 共28分	
	理解力	□完全理解　□部分理解　□讨论后理解　□教师讲解后理解 □仍有问题未解决			
	阅读分析	□能根据零件材料选用刀具材料　□能归纳本次任务学习重点			
	资源整合	□文本　□图表　□陈述　□导图　□表达式　□一份清单 □系列情境			
	表达能力	□开场总结前面所学知识	教师点评：		
		□开场表述思路清晰,内容正确			
		□汇报展示			
素养提升	主动参与	□积极主动阅读、记笔记	□符合 □一般 □有进步	每项5分 共20分	
	独立性	□自觉完成任务　□需要督促			
	自信心	□及时理解　□若时间允许能解决 □感觉有点难			
	信息化应用	分享资料渠道与类型：			
总评：□满意　□不满意　□还需努力　□有进步				总分：	

习题测试

1. 【填空】刀具的刃部材料主要有_____、_____、_____、_____以及_____。
2. 【填空】工具钢一般分为_____、_____、_____。
3. 【单选】下列刀具材料中，热硬性最高的是（　　）。
   A. 碳素工具钢　　　　　B. 合金工具钢　　　　　C. 高速工具钢
4. 【单选】使用碳素工具钢刀具可以加工（　　）。
   A. Y12　　　　　　　　B. 不锈钢　　　　　　　C. 高温合金

5. 【单选】如果想用一种刀具材料完成各种塑性、脆性材料的加工，可选用牌号为（　　）的刀具。

   A. YG3　　　　　　　　B. YT15　　　　　　　　C. YW1

6. 【判断】硬质合金比高速工具钢热硬性高。（　　）

7. 【判断】工具钢刀具可用于难加工材料的切削。（　　）

8. 【判断】碳素工具钢刀具比硬质合金刀具成本低。（　　）

9. 【判断】陶瓷刀具可用于非连续切削。（　　）

10. 【判断】陶瓷刀具的热硬性比硬质合金刀具、工具钢刀具都要高。（　　）

拓展阅读

　　刀具材料是体现刀具切削性能的一个核心因素，但并不是全部。一把刀具要实现良好的切削性能还跟它的几何参数有关，如前角、后角、主偏角、刃倾角等。为了磨出一把锋利的车刀，获得合适的几何参数，耿家盛把自己憋在厂房里反复琢磨，磨制出的车刀，硬是把被加工零件卷筒转动时允许产生的跳动范围从 0.1mm 缩小到 0.05mm 以内，使生产的拉丝机成为工厂的拳头产品，行销海内外。经得起诱惑，耐得住寂寞，精益求精，永不言弃，说的就是这样一群执着的匠人。

模块 3

常用金属材料的改性

模块先导

材料的改性技术是指在不改变材料的化学成分或材料基体的化学成分的条件下，采用物理或化学的方法，改变材料整体或局部的组织结构，从而改善材料的物理性能、化学性能或工艺性能的方法。

模块 3 的主要内容如模块 3 导图所示。

模块 3 导图　主要内容

项目 6　材料改性基础知识

项目导读

金属铁同素异构转变的特点为我们展示了同一种金属在固态下由于温度的变化，原子竟然可以重新排列，形成不同的晶体结构，当然也对应了不同性能，如果加上合金元素的助力（元素含量和元素种类）、加热温度、冷却温度、冷却速度等因素的作用，其性能的变化就有了无限多的可能！材料的结构与性能之间的关系让我们对热处理的工艺结果要知其然，知其所以然。

本项目的主要内容如项目 6 导图所示。

项目 6 导图　主要内容

任务 17　金属材料结构与性能探究

引导文

制造出性能优良的产品，热处理功不可没。热处理使材料性能发生改变，是因为材料内部结构发生了变化。有没有结构变化引起性能变化的例子？说说看。

小西所在的团队研发试制的一个零件，在进行设备调试时发生了断裂，目前正在设计、加工、材料、热处理等环节中排查原因。最终得到的结论是问题出在热处理环节。也就是说，热处理工艺不合理造成材料性能发生了不利的变化，而性能的变化又与材料结构密切相关，所以小西认为，弄清楚材料结构与性能的奥秘，有助于后期工作中对零件性能的把握。

学习流程

一、确认信息

确认小西要解决的疑惑，找出关键词。

二、领会任务

逐条领会学习任务单（表 17-1）问题。

表 17-1　任务 17 学习任务单

姓名		日期		年　月　日　星期
任务 17　金属材料结构与性能探究				
序号	任务内容			
1	常见的晶格类型有哪些？致密度小的晶格是否间隙尺寸就大			
2	什么是同素异构转变			
3	多晶体与单晶体相比，有哪些性能特点			
4	晶体、相、组元、固溶体、化合物、组织等概念相互关系是什么			
5	利用铁碳合金相图得到的组织是在怎样的条件下获得的			
6	铁碳合金的基本相有哪些？它们与晶体、相、固溶体等概念是何关系			
7	共晶反应的产物是什么？在什么样的条件下发生			
8	共析反应的产物是什么？在什么样的条件下发生			
9	双相区的相变规律是什么			
10	工业纯铁、钢和铸铁的分类依据是什么？与铁碳合金相图有何关系			
11	亚共析钢、共析钢和过共析钢的分类依据是什么？与铁碳合金相图有何关系			
12	在"国家标准化管理委员会"网站中搜索"珠光体""奥氏体"等，有什么结果			
13	分享资料来源			

三、探究学习

1. 晶体、同素异构转变、单晶体和多晶体

（1）晶体及其结构　固态物质可分为晶体和非晶体。晶体是指原子（离子、分子）在空间呈现规则排列的物质。而非晶体，其原子（离子、分子）在空间呈不规则、散乱分布。为了研究晶体的原子排列规律，常用假想的直线将各原子的中心连接起来，形成的空间格子称为晶格。晶格中能够反映晶格特征的最小几何单元，称为晶胞。常见的晶格类型有体心立方晶格、面心立方晶格和密排六方晶格，如图 17-1 所示。

（2）同素异构转变　大多数金属在固态下只有一种晶体结构，如铜、铝、银等为面心立方晶格，钨、钼、钒等为体心立方晶格。但有些金属在固态下存在两种或两种以上的晶格形式，如铁、锡、锰、

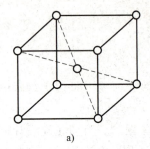 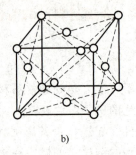 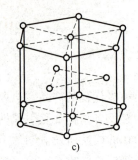

图 17-1 常见的晶格类型

a）体心立方晶格　b）面心立方晶格　c）密排六方晶格

钛等，在加热或冷却过程中，会从一种晶格类型转变为另一种晶格类型，这种现象称为同素异构转变。纯铁的同素异构转变曲线如图 17-2 所示。

纯铁从液态冷却至 1538℃ 时，会首先结晶出体心立方晶格的晶体，称为 δ-Fe；继续冷却至 1394℃ 时，发生同素异构转变，转变为面心立方晶格的晶体，称为 γ-Fe；继续冷却至 912℃ 时，再次发生同素异构转变，转变为体心立方晶格的晶体，称为 α-Fe。同素异构转变是各种金属材料能够通过热处理方法改变其内部组织结构，从而改变其性能的理论依据。

（3）单晶体和多晶体　单晶体是内部原子排列位向完全一致的晶体，如图 17-3a 所示。多晶体则由许多位向互不相同的单晶体组成，这些细小且形状不规则的单晶体称为晶粒，如图 17-3b 所示。晶粒与晶粒之间的界面称为晶界，晶界处的原子排列是不规则的，对于形变有很强的抵抗作用。一般来说，金属的晶粒越细，晶界就越多，因而塑性变形抗力也越大，强度也就越高。

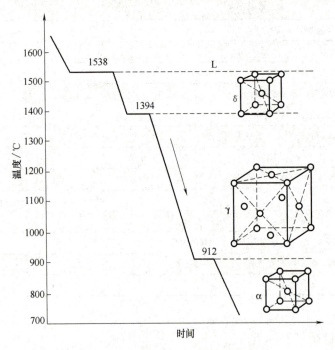

图 17-2　纯铁的同素异构转变曲线

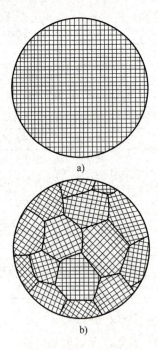

图 17-3　单晶体和多晶体

a）单晶体　b）多晶体

2. 合金的晶体结构和组织

合金是指由两种或两种以上的金属元素或金属元素与非金属元素组成的具有金属特性的物质。

（1）基本概念　组元、相

1）组元。组成合金的最基本的独立物质称为组元。通常组元就是组成合金的元素，如铁碳合金就是由铁和碳两个组元组成的二元合金。

2)相。相是指合金中化学成分、结构和性能相同并以界面互相分开的均匀组成部分。相也可以指液态物质,如互溶的、均匀的酒精水溶液只有一个相,不溶的、分层的水和油的混合液有两个相。

(2)合金的晶体结构　合金的晶体结构也就是合金的相结构,可分为固溶体和金属化合物两种基本类型。

1)固溶体。溶质原子溶入溶剂晶格中所形成的固相称为固溶体。固溶体中含量多的组元称为溶剂,含量少的组元称为溶质。固溶体中的晶体结构保持溶剂的晶体结构。固溶体可分为置换固溶体和间隙固溶体两类。

① 置换固溶体。溶质原子取代溶剂原子而占据晶格中的某些结点,所形成的固溶体称为置换固溶体。原子尺寸差别较小的金属元素彼此之间一般形成置换固溶体,如铜镍合金、铁钒合金。

② 间隙固溶体。溶质原子处于溶剂晶格的间隙中所形成的固溶体称为间隙固溶体。在间隙固溶体中,溶质原子不占据溶剂晶格的结点位置,而是填充于溶剂晶格的间隙。

固溶体虽然保持了溶剂的晶格类型,但溶质原子的存在必然导致溶剂的晶格发生畸变(图17-4),溶质原子的量越多,晶格畸变越严重。晶格畸变对晶粒的塑性变形有很大的阻碍作用,使得材料的强度和硬度都较溶剂金属有所提高,这种现象称为固溶强化。一般间隙固溶体的晶格畸变较大,固溶强化效果好。

2)金属化合物。金属化合物是指合金组元间发生相互作用而形成的具有金属特性的新相,也是一种晶体,其晶体结构不属于任一组元,大多具有复杂的晶体结构。金属化合物可以用化学式大致表示其组成,但通常不符合化合价规律,如渗碳体 Fe_3C,如图17-5所示。

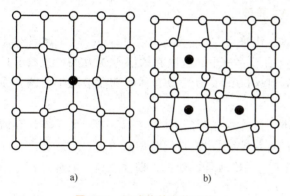

图17-4　固溶体的晶体结构
a)置换固溶体　b)间隙固溶体

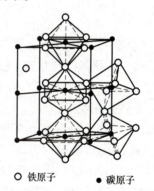

○ 铁原子　● 碳原子

图17-5　金属化合物的晶体结构

(3)组织　合金的组织类型一般分为两种。一种是单相固溶体,即合金中的组织全部由一种固溶体组成,如由铜和锌组成的黄铜。另一种是机械混合物,是指合金的组织由固溶体和金属化合物等基本相按一定的比例构成。大多数合金的组织都属于机械混合物,后面即将学习的珠光体、贝氏体、莱氏体等都是机械混合物组织。合金的组织与合金的性能有着非常紧密的联系。可以说,合金的组织决定着材料的性能(强度、硬度、耐磨性等),通过改变组织可以改变材料的性能。

3. 铁碳合金相图

铁碳合金相图是在极缓慢的加热或冷却条件下,合金系中各种合金状态与温度、成分之间关系的图形。在极缓慢的冷却条件下,合金中的原子能充分地扩散,完成结晶,获得均匀的所谓平衡组织。铁碳合金相图中展示的是合金系,即不同组分比例下的一系列合金。铁和碳可以形成一系列化合物,如 Fe_3C、Fe_2C、FeC 等。由于碳的质量分数>5%的铁碳合金脆性大,没有实用价值,且 Fe_3C(碳的质量分数为6.69%)又是一种稳定的化合物,可以作为一个独立的组元看待,因此铁碳合金相图实质上就是 $Fe-Fe_3C$ 相图,如图17-6所示(图中左上角进行了简化)。

(1)铁碳合金的基本相　铁碳合金的基本相有铁素体、奥氏体、渗碳体,这些基本相性能各异,其数量、形态、分布直接决定了铁碳合金的组织和性能。

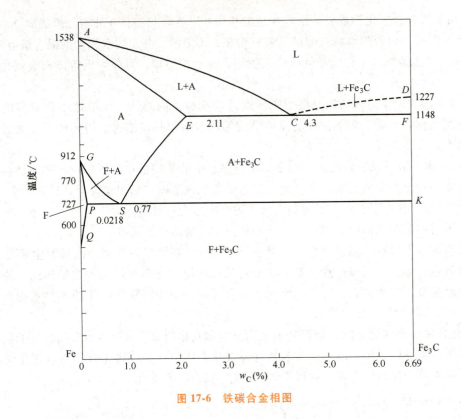

图 17-6 铁碳合金相图

1)铁素体。碳在 α-Fe 中的间隙固溶体称为铁素体,用符号"F"表示(图 17-7)。铁素体具有体心立方晶格结构,晶格间隙的总体积较大,但单个间隙的尺寸较小,所以它的溶碳能力很小,最多只有 0.0218% 左右(图 17-6 中 727℃ 的 P 点),常温下不到 0.001%。所以铁素体的性能接近于纯铁,强度、硬度低,塑性、韧性高。

2)奥氏体。碳在 γ-Fe 中的间隙固溶体称为奥氏体,用符号"A"表示(图 17-8)。奥氏体具有面心立方晶格结构,晶格间隙尺寸较大,所以其溶碳能力较强。在 1148℃ 时碳的溶解度最大,为 2.11%,在 727℃ 时碳的溶解度为 0.77%。奥氏体的强度、硬度较低,塑性、韧性较高,锻造过程正是利用奥氏体塑性高的特点来进行变形加工的。

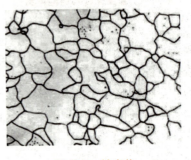

图 17-7 铁素体

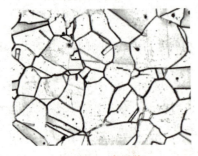

图 17-8 奥氏体

3)渗碳体。渗碳体即 Fe_3C,熔点为 1227℃,碳的质量分数为 6.69%。渗碳体的晶体结构如图 17-5 所示,此种结构决定了它具有极高的硬度和脆性。Fe_3C 是一种稳定的化合物,在固态下不发生同素异构转变。渗碳体是铁碳合金的强化相,它的形状和分布对铁碳合金的性能有很大影响。

(2)铁碳合金相图分析

1)相图中的特性点,见表 17-2。

2)相图中的特性线。

① ACD 线——液相线,任何成分的铁碳合金在此线上方都呈液态(L)。

表 17-2 铁碳合金相图中的特性点

特性点	温度/℃	碳的质量分数(%)	含义
A	1538	0	纯铁的熔点
C	1148	4.3	共晶点
D	1227	6.69	渗碳体熔点
E	1148	2.11	碳在奥氏体中的最大溶解度
F	1148	6.69	渗碳体
G	912	0	铁的同素异构转变点(也称为 A_3 点)
K	727	6.69	渗碳体
P	727	0.0218	碳在铁素体中的最大溶解度
S	727	0.77	共析点
Q	室温	0.0008	室温下碳在铁素体中的溶解度

② AECF 线——固相线,合金冷却至此线时全部结晶完毕,因此此线以下的合金都是固态。

③ ECF 线——共晶线,C 点为共晶点,此处的液相将发生共晶反应。共晶反应是由一定成分的液相,在某一恒温下同时结晶出两种一定成分固相的转变。在铁碳合金相图中,共晶反应是碳的质量分数为 4.3% 的铁碳合金液体,在 1148℃ 同时生成 E 点处的奥氏体和 F 点处的渗碳体。由于奥氏体和渗碳体是同时结晶出来的产物,相互掺杂在一起形成一种混合物组织,称为莱氏体 (Ld)。

发生的共晶反应式为

$$L_C \xrightleftharpoons{1148℃} A_E + Fe_3C$$

④ PSK 线——共析线,S 点为共析点,此处的奥氏体将发生共析反应。共析反应是由一定成分的固相,在某一恒温下同时析出两种一定成分固相的转变。在铁碳合金相图中,共析反应是碳的质量分数为 0.77% 的奥氏体,在 727℃ 时同时析出 P 点处的铁素体和 K 点处的渗碳体。由于铁素体和渗碳体是同时结晶出来的产物,相互掺杂在一起形成一种混合物组织,称为珠光体 (P)。共析线又称为 A_1 线。

发生的共析反应式为

$$A_S \xrightleftharpoons{727℃} F_P + Fe_3C$$

⑤ GS 线——铁素体开始析出线。GS 线表示在碳的质量分数小于 0.77% 的铁碳合金冷却的过程中,从奥氏体中析出铁素体的开始线,或者表示在加热时铁素体融入奥氏体的终了线。GS 线常称为 A_3 线。

⑥ ES 线——碳在奥氏体中的溶解度曲线,也表示碳的质量分数大于 0.77% 的铁碳合金冷却的过程中,从奥氏体中析出渗碳体的开始线,或者表示在加热时渗碳体融入奥氏体的终了线。ES 线常称为 A_{cm} 线。

⑦ PQ 线——碳在铁素体中的溶解度曲线,也表示在合金冷却的过程中,从铁素体中析出渗碳体的开始线或者表示在加热时,渗碳体融入铁素体的终了线。

3) 相区。

① 单相区。单相区一共有四个:ACD 以上区域为液相区 (L);AESGA 为奥氏体相区 (A);GPQG 为铁素体相区 (F);DFK 垂线为渗碳体相区 (Fe_3C)。

② 双相区。双相区分别存在于各单相区之间,共有五个:L+A、L+Fe_3C、F+A、A+Fe_3C、F+Fe_3C。

③ 三相区。共晶线可认为是 L+A+Fe_3C 三相区;共析线可认为是 F+A+Fe_3C 三相区。

(3) 钢按照组织分类

共析钢:碳的质量分数为 0.77% 的铁碳合金,室温组织为珠光体,为共析组织。

亚共析钢:碳的质量分数在 0.0218%~0.77% 的铁碳合金,室温组织为铁素体+珠光体。

过共析钢：碳的质量分数在 0.77%~2.11% 的铁碳合金，室温组织为渗碳体+珠光体。

四、汇报展示

从学习任务单中抽取素材进行组合，形成汇报材料。采用适当的方式进行汇报。汇报方式参考表 17-3 中的"资源整合"。

五、评价总结

汇报展示之后，请完成表 17-3。

表 17-3 任务 17 评价表

指标	评分项目		自我评价	得分点	得分
知识获取	□熟悉常见的晶格类型、熟悉同素异构转变		□结论明确 □抓住重点 □及时总结 □发现兴趣点	每项 5 分 共 40 分	
	□熟悉组元、相的概念				
	□掌握固溶体、金属化合物的概念				
	□掌握组织的概念				
	□掌握铁碳合金的基本相				
	□熟悉共晶反应、共析反应				
	□熟悉铁碳合金冷却过程中的组织变化规律				
	□熟悉钢铁的分类				
学习方法	□能从学习任务单中提炼关键词		□清晰 □快速 □模糊 □慢速	每项 4 分 共 12 分	
	□能够仔细阅读并理解所查资料内容				
	□能够划出重点内容				
学习能力	注意力	□持续集中 □短时集中 □易受干扰 □与阅读材料难易有关		每项 4 分 共 28 分	
	理解力	□完全理解 □部分理解 □讨论后理解 □教师讲解后理解 □仍有问题未解决			
	阅读分析	□能理解铁碳合金相图中特征线和相区的意义 □能归纳本次任务学习重点			
	资源整合	□文本 □图表 □陈述 □导图 □表达式 □一份清单 □系列情境			
	表达能力	□开场总结前面所学知识	教师点评：		
		□开场表述思路清晰，内容正确			
		□汇报展示			
素养提升	主动参与	□积极主动阅读、记笔记	□符合 □一般 □有进步	每项 5 分 共 20 分	
	独立性	□自觉完成任务 □需要督促			
	自信心	□文明用语、乐于教人 □若时间允许能解决 □感觉有点难			
	信息化应用	分享资料渠道与类型：			
总评：□满意 □不满意 □还需努力 □有进步				总分：	

习题测试

1. 【填空】合金相图是在_____条件下，合金系中各种合金状态与温度、成分之间关系的图形。

2. 【填空】铁碳合金的基本相有_____、_____、_____。

3. 【单选】珠光体中碳的质量分数是（　　）。
   A. 2.11%　　　　　　B. 0.0218%　　　　　　C. 0.77%

4. 【单选】亚共析钢冷却至室温时的显微组织是（　　）。
   A. 珠光体　　　　　　B. 珠光体和渗碳体　　　C. 珠光体和铁素体
5. 【单选】过共析钢冷却至室温时的显微组织是（　　）。
   A. 珠光体　　　　　　B. 珠光体和渗碳体　　　C. 珠光体和铁素体
6. 【判断】珠光体是一种多晶体。（　　）
7. 【判断】铸铁不会发生共析反应。（　　）
8. 【判断】珠光体是一种单相组织。（　　）
9. 【判断】工业纯铁不发生共析反应。（　　）
10. 【判断】铁素体与奥氏体的晶格结构是相同的。（　　）

拓展阅读

镁铝合金具有重量轻、强度高的特性，是一种理想的结构材料。但镁、铝元素同样存在容易氧化、不易纯化等难题。为攻克难关，燕山大学亚稳材料国家重点实验室的研发团队专门设计制造了熔炼炉和甩丝设备。经过 7 年的技术攻关，他们在纯化原料、除渣冶炼、丝材加工等方面实现了技术突破。目前，用这项技术生产的镁铝合金产品已经开始应用到军工、通信、汽车制造等多个领域。

任务 18　钢的组织与性能关系探究

引导文

画出简化铁碳合金相图，并说出特性点、特性线及重要相区的含义。争取汇报演讲机会，努力提高梳理、语言组织及口头表达能力。

小天同学最近正在学习热处理的相关知识。他觉得很神奇的是，同一种材料经过不同方法的热处理竟然可以获得不同的组织，而组织又决定了材料的性能，这样就可以通过采用不同的热处理方法来控制材料的性能。但他有个问题不太明白，组织怎么影响性能呢？他就这个问题咨询了教师，教师说组织是由一个或多个相组成的，组织的性能一方面取决于组成相的性能，如珠光体是由铁素体和渗碳体组成的，铁素体软韧，渗碳体脆硬，另一方面，组织的性能又取决于各相的组合关系，如珠光体中的铁素体和渗碳体是呈层片状交替分布的，另外，该铁素体、渗碳体层片的大小也影响材料的性能，如珠光体、索氏体、托氏体的力学性能是不一样的。小天同学听了教师的解答，茅塞顿开，材料世界真是神奇，他下决心一定要好好掌握这方面的知识。

学习流程

一、确认信息

确认本次任务要解决的问题，找出关键词。

二、领会任务

逐条领会学习任务单（表 18-1）。

表 18-1　任务 18 学习任务单

姓名		日期	年　月　日　星期
任务 18　钢的组织与性能关系探究			
序号	任务内容		
1	什么是钢的热处理？其基本过程是怎样的		
2	加热使钢奥氏体化时，到达指定温度后为何要保温一段时间		
3	什么是过冷奥氏体		

(续)

序号	任务内容
4	过冷奥氏体等温转变的孕育期与过冷奥氏体的温度呈何种关系
5	等温转变得到的珠光体类型组织呈何种形态？是如何形成的
6	试比较珠光体、索氏体、托氏体的晶粒大小和力学性能
7	上贝氏体和下贝氏体中哪种组织力学性能好
8	哪种组织的渗碳体在铁素体内部形成？其力学性能如何
9	马氏体是如何形成的
10	比较板条状马氏体和片状马氏体的形成条件和力学性能
11	共析钢过冷奥氏体连续转变时，如何获得部分珠光体和部分马氏体
12	在"国家标准化管理委员会"网站中搜索"贝氏体""马氏体"等，有什么结果
13	分享资料来源

三、探究学习

（一）钢获得预期性能的方法

材料的性能与材料内部的组织结构密切相关。因此，要获得预期性能就得获得预期的材料内部组织。钢材中碳的质量分数为 0.0218%～2.11%，其核心特征是在缓慢降温时发生共析反应，与奥氏体关系密切。所以，一般通过加热将钢的内部组织先全部转化为奥氏体，再通过不同的冷却方法获得不同的组织。这种在固态下通过加热、保温和冷却的手段来获得预期组织和性能的一种金属热加工工艺称为热处理。

（二）钢的内部组织转化为奥氏体的过程

热处理的第一个环节是加热，多数情况下要获得奥氏体组织，需要将钢加热到相变点以上。相变点也称为临界点或临界温度。在热处理中，通常将铁碳合金相图中的 PSK 线称为 A_1 线，将 GS 线称为 A_3 线，将 ES 线称为 A_{cm} 线。这些线上每一成分合金的相变点称为 A_1 点、A_3 点和 A_{cm} 点。

在实际生产中，热处理的加热和冷却都是在非平衡状态下进行的，因此组织转变温度会偏离平衡相变点，分别用 Ac_1、Ac_3、Ac_{cm} 和 Ar_1、Ar_3、Ar_{cm} 表示加热和冷却时的临界温度，如图 18-1 所示。

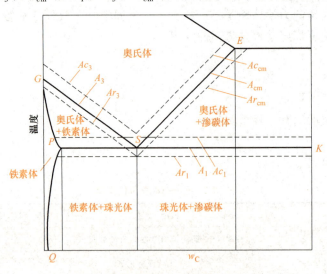

图 18-1 钢加热和冷却时的临界温度

钢的内部组织要转化为奥氏体，必然需要升温。从图 18-1 中可以看出，要使亚共析钢全部转化为奥氏体，温度必须达到 A_3 线以上；要使共析钢全部转化为奥氏体，温度必须达到 A_1 线以上；要使过共析钢全部转化为奥氏体，温度必须达到 A_{cm} 线以上。以共析钢为例，其奥氏体化过程如图18-2所示，奥氏体的晶核（晶粒的生长中心）首先在铁素体和渗碳体的相界面处形成，然后晶核长大。由于铁素体与渗碳体相比，无论晶格类型还是含碳量都同奥氏体的差别较小，所以铁素体向奥氏体的转变速度远高于渗碳体的溶解速度。当铁素体全部转变为奥氏体后，仍有部分渗碳体未溶解。此外，在刚形成的奥氏体晶粒中，碳浓度是不均匀的，原铁素体处含碳量较低，原渗碳体处含碳量较高，因此必须继续保温一段时间，以使碳原子充分扩散，使奥氏体的成分充分均匀化。

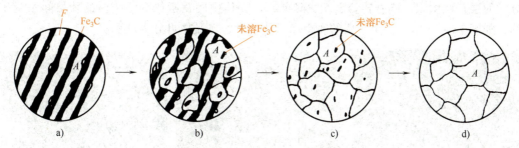

图 18-2 共析钢的奥氏体化过程

a）奥氏体形核　b）奥氏体长大　c）剩余渗碳体溶解　d）奥氏体均匀化

（三）钢在等温冷却下的组织转变

等温转变是指把钢奥氏体化后迅速冷却至某一温度，并保温一定时间，使其在恒温下完成组织转变。这里以共析钢为例，对钢在等温冷却下的组织转变进行说明。

1. 过冷奥氏体

当奥氏体冷却至临界点以下某一温度，处于不稳定状态而尚未转变时，称为过冷奥氏体。要注意，这里的过冷奥氏体与铁碳合金相图中共析反应时的奥氏体是不一样的：过冷奥氏体是将奥氏体迅速冷却至目标温度，而铁碳合金相图中共析反应时的奥氏体始终是以极缓慢的速度冷却的。

2. 过冷奥氏体等温转变曲线

将不同温度的共析钢过冷奥氏体开始发生组织转变的时间和组织转变结束的时间记录下来，形成的转变开始线和转变终了线称为过冷奥氏体等温转变曲线，曲线呈 C 形，如图18-3所示。

从图18-3中可以看出，过冷奥氏体达到指定温度后并不立即发生转变，而要经过一段时间后才开始转变。从过冷奥氏体达到指定温度到开始发生组织转变的这段时间称为过冷奥氏体的孕育期。孕育期越长，过冷奥氏体越稳定。从图18-3中可以看出，大约在550℃时，孕育期最短，该温度处的曲线称为曲线的"鼻尖"。

以400℃的过冷奥氏体为例，在400℃的温度处绘制水平线（图18-3），与两曲线分别交于1、2两点，过冷奥氏体达到指定温度至1点所花时间为孕育期，1点至2点所花时间为组织转化所需时间。我们注意到，在两条曲线的下方有两条水平线 Ms 与 Mf，分别表示过冷奥氏体向马氏体转变的开始线和终了线。这两条线比较特殊，试想如果在 Ms 与 Mf 线之间的某温度对过冷奥氏体进行等温转变的话，该温度的水平线永远不会与 Mf 线产生交点，实际上也不会有新的马氏体生成，如果完成整个转变过程，必须不断降温。所以，马氏体是在连续冷却过程中形成的。

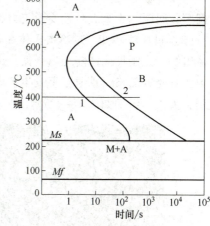

图 18-3 共析钢等温转变曲线

3. 等温转变产物

（1）珠光体转变　过冷奥氏体在临界点至550℃（鼻尖温度）的温度范围内等温转变得到的产物为珠光体类型组织。珠光体的转变过程是由过冷奥氏体分解为成分相差悬殊、晶格截然不同的铁素体和渗碳体两相混合组织的过程。转变前，可以认为碳元素与铁元素均在奥氏体中均匀分布，而转变后的铁素体和渗碳体的含碳量差别是非常大的。这就说明转变过程必然伴随了铁原子和碳原子的扩散过程，其基本过程如下：首先在奥氏体晶界上产生一个小片状渗碳体晶体，然后晶核向纵、横向长大，由于渗碳体含碳量高，必然吸收周围的碳原子，碳原子浓度的降低又促进了低碳浓度的铁素体在渗碳体的两侧形成，铁素体的长大又向周围奥氏体排出多余的碳原子，碳原子浓度的提高又促进了渗碳体在铁素体两侧的形成，如此不断反复进行，最终完成所有的转变。所以，珠光体为铁素体片与渗碳体片相间分布的层片状组织。随着转变温度的降低，珠光体中的铁素体和渗碳体的片层间距越小，珠光体也越细，如图 18-4 所示。按照片层的间距和尺寸大小，珠光体可分为三种。

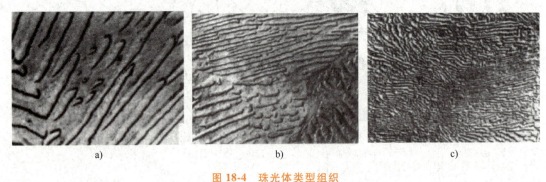

图 18-4 珠光体类型组织
a）珠光体 b）索氏体 c）托氏体

1）珠光体。在临界点至 650℃ 温度范围内形成的粗片状珠光体为珠光体，用 P 表示。一般在 500 倍的金相显微镜下即可分辨其层片状特征，其硬度可达 170~250HBW。

2）索氏体。在 650~600℃ 温度范围内形成的细片状珠光体称为索氏体，用 S 表示。索氏体比珠光体细，要在 800~1000 倍的金相显微镜下才能鉴别，其硬度可达 250~300HBW。

3）托氏体。在 600~550℃ 温度范围内形成的极细片状珠光体称为托氏体，用 T 表示。托氏体比索氏体还细，要在 2000~5000 倍的显微镜下才能分辨，其硬度可达 300~450HBW。

以上三种珠光体在形态上呈片状，有粗细之分，但无本质上的区别。它们的性能主要取决于其片层间距，间距越小，其塑性变形抗力越大，强度和硬度也越高，同时塑性和韧性也略有增加。

（2）贝氏体转变　过冷奥氏体在 550℃（鼻尖温度）~Ms 的温度范围内等温转变得到的产物为贝氏体组织。由于贝氏体转变温度低，原子活动能力差，所以铁原子只做很小的位移，由面心立方晶格变为体心立方晶格，铁原子不发生扩散，只有碳原子的扩散。贝氏体的转变与珠光体的转变有着本质区别，贝氏体组织如图 18-5 所示。

图 18-5 贝氏体组织
a）上贝氏体 b）下贝氏体

1) 上贝氏体。过冷奥氏体在 550~350℃ 温度范围内等温转变得到的产物为上贝氏体，用 $B_上$ 表示。其组织转变过程如下：首先在奥氏体晶界上形成许多过饱和铁素体（碳扩散能力弱）的晶核，并沿一定方向成排地长大，形成大致平行的过饱和铁素体板条，随着板条状铁素体的伸长和变宽，铁素体中的碳原子不断通过界面扩散到铁素体之间的奥氏体，形成渗碳体分布于成排的过饱和铁素体之间。在光学显微镜下观察上贝氏体，能观察到成排的铁素体沿晶界分布，具有羽毛状特征。上贝氏体中铁素体条较宽，渗碳体分布在铁素体条之间，强度低，脆性较大，在生产上没有什么实用价值。

2) 下贝氏体。过冷奥氏体在 350℃~Ms 温度范围内等温转变得到的产物为下贝氏体，用 $B_下$ 表示。其组织转变过程如下：首先在奥氏体晶界形成铁素体晶核，并沿一定方向长大成针状。由于转变温度低，碳原子的扩散能力较低，不能逾越铁素体范围，只能在过饱和铁素体内形成细小的颗粒状碳化物，碳化物为渗碳体或其他碳化物。在光学显微镜下观察下贝氏体，能观察到下贝氏体是由针状铁素体片和分布在片内的短条状碳化物组成的。下贝氏体中铁素体片细小且无方向性，碳的过饱和度较大；同时细小的碳化物高度分散，均匀地分布在铁素体片的内部。所以，它的强度、硬度高，塑性和韧性良好，是生产上期望获得的组织。

（3）马氏体转变　将过冷奥氏体迅速冷却至 Ms 线以下温度时，转变得到的产物为马氏体，用 M 表示。由于马氏体转变温度更低，铁原子和碳原子都不能扩散，所以奥氏体向马氏体转变时，只发生 γ-Fe 向 α-Fe 的晶格结构的转变，而没有化学成分的变化。所以，马氏体是碳在 α-Fe 中的过饱和固溶体，或者说是一种过饱和铁素体。当 α-Fe 中碳的质量分数大于 0.25% 时，因晶格畸变增大，使其无法再保持体心立方晶格，而会将某个方向的尺度拉长，变为体心正方晶格，同时也伴随着体积的膨胀。由于晶格畸变严重，残余应力大等原因，片状马氏体的硬度、强度高，但塑性、韧性很低，脆性大。马氏体的转变不需要孕育期，马氏体晶核瞬间形成，并以极快的速度长大，马氏体片可在 10^{-7}s 内形成。马氏体数量的增加是靠一批批新的马氏体不断产生，而不是靠已形成的马氏体片的长大。

马氏体的组织形态主要有两种基本类型：一种是板条状马氏体，另一种是片状马氏体，如图 18-6 所示。钢中碳的质量分数在 0.25% 以下时，生成的基本是板条状马氏体；当钢中碳的质量分数在 1% 以上时，几乎都是片状马氏体；碳的质量分数在 0.25%~1% 时，为板条状马氏体和片状马氏体的混合组织。

 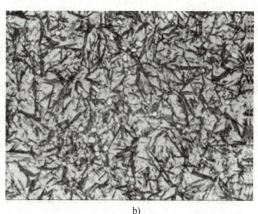

a)　　　　　　　　　　　　　　b)

图 18-6　板条状马氏体和片状马氏体

a）板条状马氏体　b）片状马氏体

1) 板条状马氏体。板条状马氏体呈椭圆形截面的细长板条状，一般组成平行排列的成束组织。在一个奥氏体晶粒中，可形成几个不同位向的马氏体束状组织。碳在板条状马氏体中的过饱和程度小，具有很高的强度和韧性。

2）片状马氏体。片状马氏体呈针状截面的双凸透镜状。马氏体生长时一般不会穿过奥氏体晶界，最初形成的马氏体针较粗大，往往贯穿整个奥氏体晶粒；后形成的马氏体针受已形成的马氏体限制，尺寸越来越小。碳在马氏体中的过饱和程度大，晶格畸变严重，残余应力大，造成片状马氏体的硬度、强度高，但塑性、韧性很低，脆性大。

（四）钢在连续冷却下的组织转变

在热处理生产中，常采用连续冷却方式，如水冷、油冷、空冷或炉冷，因此研究钢在连续冷却条件下组织的转变规律更有实际意义。

1. 过冷奥氏体连续转变曲线

共析钢过冷奥氏体连续转变曲线如图 18-7 所示，为便于对比，图中虚线部分为共析钢等温转变曲线。由图可知，最左边一条为过冷奥氏体转变为珠光体的开始线 Ps，最右边一条为过冷奥氏体转变为珠光体的终了线 Pf，KK' 连线为过冷奥氏体转变为珠光体的中止线。可以看出，共析钢过冷奥氏体连续转变曲线只有等温冷却转变图的上半部分，说明共析钢在连续冷却时不发生贝氏体转变。但亚共析钢、大部分合金钢的奥氏体在连续冷却过程中一般都会发生贝氏体转变。与等温转变图相比，共析钢的连续冷却转变图偏右下方，表明连续冷却时过冷奥氏体完成珠光体转变的温度更低、时间更长。

2. 冷却速度与组织

图 18-7 中 v_C 为上临界冷却速度，当冷却速度比 v_C 大时，全部获得马氏体组织；v_C' 为下临界冷却速度，当冷却速度比 v_C' 小时，全部获得珠光体组织；当冷却速度介于两者之间时，冷却速度曲线必然与 KK' 相交，此时过冷奥氏体向珠光体转变中止，待冷却曲线进入 Ms 后继续向马氏体转变。

四、汇报展示

从学习任务单中抽取素材进行组合，形成汇报材料。采用适当的方式进行汇报。汇报方式参考表 18-2 中的"资源整合"。

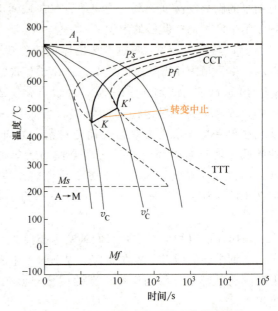

图 18-7　共析钢过冷奥氏体连续转变曲线

五、评价总结

汇报展示之后，请完成表 18-2。

表 18-2　任务 18 评价表

指标	评分项目	自我评价	得分点	得分
知识获取	□熟悉热处理的基本过程	□结论明确 □抓住重点 □及时总结 □发现兴趣点	每项 5 分 共 40 分	
	□熟悉钢的奥氏体化过程			
	□熟悉过冷奥氏体等温转变曲线			
	□熟悉珠光体转变及组织特点			
	□了解贝氏体转变及组织特点			
	□熟悉马氏体转变及组织特点			
	□掌握在钢连续冷却下的组织转变			
	□熟悉等温转变与连续冷却转变的差异			
学习方法	□能从学习任务单中提炼关键词	□清晰　□快速 □模糊　□慢速	每项 4 分 共 12 分	
	□能够仔细阅读并理解所查资料内容			
	□能够划出重点内容			

(续)

指标	评分项目		自我评价	得分点	得分
学习能力	注意力	□持续集中　□短时集中　□易受干扰　□与阅读材料难易有关		每项4分共28分	
	理解力	□完全理解　□部分理解　□讨论后理解　□教师讲解后理解 □仍有问题未解决			
	阅读分析	□能理解马氏体组织的性能特点　□能归纳本次任务学习重点			
	资源整合	□文本　□图表　□陈述　□导图　□表达式　□一份清单 □系列情境			
	表达能力	□开场总结前面所学知识	教师点评：		
		□开场表述内容正确、条理清楚			
		□汇报展示			
素养提升	主动参与	□积极主动阅读、记笔记	□符合 □一般 □有进步	每项5分共20分	
	独立性	□自觉完成任务　□需要督促			
	自信心	□文明用语、乐于教人　□若时间允许能解决　□感觉有点难			
	信息化应用	分享资料渠道与类型：			
总评：□满意　□不满意　□还需努力　□有进步				总分：	

习题测试

1. 【填空】珠光体、索氏体、托氏体的硬度由大到小排列为_____、_____、_____。
2. 【填空】过冷奥氏体在550℃~M_s温度范围内等温转变得到的产物为_____。
3. 【单选】热处理加热的目的是为了获得（　　）。
   A. 马氏体　　　　B. 奥氏体　　　　C. 珠光体
4. 【单选】共析钢在650~600℃温度范围内等温转变形成的细片状珠光体称为（　　）。
   A. 珠光体　　　　B. 索氏体　　　　C. 托氏体
5. 【单选】共析钢过冷奥氏体在350℃~M_s温度范围内等温转变得到的产物为（　　）
   A. 上贝氏体　　　B. 索氏体　　　　C. 下贝氏体
6. 【判断】共析钢在连续冷却下可获得贝氏体组织。（　　）
7. 【判断】板条状马氏体比片状马氏体硬度高。（　　）
8. 【判断】马氏体转变时伴有渗碳体产生。（　　）
9. 【判断】在光学显微镜下观察上贝氏体，能观察到成排的铁素体沿晶界分布，具有羽毛状特征。（　　）
10. 【判断】热处理加热到一定温度后，需要保温一段时间，目的是使碳原子充分扩散，使奥氏体的成分充分均匀化。（　　）

拓展阅读

瓦房店轴承集团有限责任公司的工人李书乾，几十年如一日，用自己的勤劳和智慧，解决了我国轴承制造热处理领域的许多难题，被誉为"敢于挑战行业尖端技术的工人发明家"。他先后解决生产设备难题300多项，改造设备150多台次，完成技术创新270多项，抢修设备若干台次，有力地保障和提升了轴承质量，为企业创造经济效益达数千万元。

项目7　整体热处理探究

项目导读

热处理是什么呢？

热处理是采用适当的方式对金属材料或工件进行加热、保温和冷却，以获得预期的组织结构与性能的工艺。

材料改性的主要方式是通过热处理实现的。依据 GB/T 7232—2023《金属热处理工艺 术语》，**整体热处理**是对工件整体进行穿透加热的热处理，如项目7导图所示。

项目7导图　整体热处理工艺

整体热处理包括很多工艺，其中退火、正火、淬火和回火应用最广，也是大家经常听到的"四把火"，通过不同的"火候"成就不同的性能，并非硬度越高越好，而是要根据生产实际，满足零件的性能要求。更多的情况则是需要材料"能屈能伸""硬度足够，韧性有余"。

本项目主要探究整体热处理中的退火、正火、淬火和回火。

任务19　退火、正火工艺探究

引导文

利用几分钟时间完成两个任务：①回顾学过的切削加工性概念，并列举出你印象中哪种材料容易加工，哪种材料难以加工。②能否简单地说较软的材料要比硬的材料容易加工？

请仔细阅读两张工艺卡。图 19-1 所示热处理工艺卡中包含齿轮滚刀的退火工序；图 19-2 所示热处理工艺卡中包含车床主轴的正火工序。从中能发现什么规律呢？提示：①从材料牌号角度去考虑，齿轮滚刀所用材料是高速工具钢，车床主轴所用材料是合金结构钢；②两张图中退火和正火工序安排的位置有一个共同点——均处于第一工序位置。可能有些同学马上就能得出答案了，但是你总结出来的或许仅是本案例特有的，也是片面的……

热处理其实很烦琐，其中有无穷无尽的知识需要自己去领会。要做到融会贯通，需要认真琢磨，不断地探索。

学习流程

一、确认信息

确认图 19-1 和图 19-2 中退火、正火热处理工艺，启动任务。

二、领会任务

逐条领会学习任务单（表 19-1），尝试增加个人兴趣点的拓展活动。

<table>
<tr><td colspan="4" rowspan="2">热处理工艺卡</td><td colspan="2">产品型号</td><td colspan="2">M1.5</td><td colspan="2">零(部)件图号</td><td colspan="3"></td></tr>
<tr><td colspan="2">产品名称</td><td colspan="2">齿轮滚刀</td><td colspan="2">零(部)件名称</td><td colspan="3">齿轮滚刀</td></tr>
<tr><td colspan="4" rowspan="4">简图：
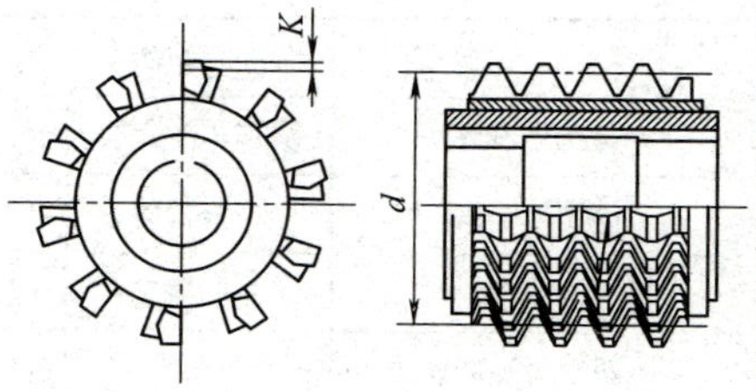
</td><td colspan="2">材料牌号</td><td colspan="2">W6Mo5Cr4V2</td><td colspan="2">零件重量</td><td colspan="3">5.12kg</td></tr>
<tr><td colspan="2">工艺路线</td><td colspan="7">退火 ⟶ 预热 ⟶ 淬火 ⟶ 却冷 ⟶ 三次回火 ⟶ 清洗 ⟶ 矫直 ⟶ 抛丸</td></tr>
<tr><td colspan="6">技术要求</td><td colspan="3">检验方法</td></tr>
<tr><td colspan="3">硬度</td><td colspan="3">61HRC</td><td colspan="3">洛氏硬度计</td></tr>
<tr><td rowspan="2">序号</td><td colspan="3" rowspan="2">工序名称</td><td rowspan="2">设备</td><td rowspan="2">装炉数量</td><td rowspan="2">装炉温度/℃</td><td rowspan="2">加热温度/℃</td><td rowspan="2">加热时间</td><td rowspan="2">保温时间</td><td colspan="2">冷却</td><td rowspan="2">工时/min</td></tr>
<tr><td>介质</td><td>温度/℃</td></tr>
<tr><td>1</td><td colspan="3">退火</td><td>RX3-75-9</td><td>391件</td><td>25</td><td>850</td><td>3h</td><td>6h</td><td>氮气</td><td>25</td><td></td></tr>
<tr><td rowspan="3">2</td><td rowspan="3">预热</td><td colspan="2">一次预热</td><td></td><td></td><td rowspan="3">25</td><td></td><td></td><td></td><td rowspan="3">油</td><td rowspan="3">25</td><td rowspan="3"></td></tr>
<tr><td rowspan="2">二次预热</td><td>一次</td><td>RDM-75-8</td><td>4件</td><td>650</td><td>1360s</td><td>819s</td></tr>
<tr><td>二次</td><td>RDM-70-13</td><td>4件</td><td>850</td><td>936s</td><td>756s</td></tr>
</table>

图 19-1　含有退火工艺的工艺卡（片段）

工程材料与热处理

热处理工艺卡

产品型号		零部件图号	
产品名称		零部件名称	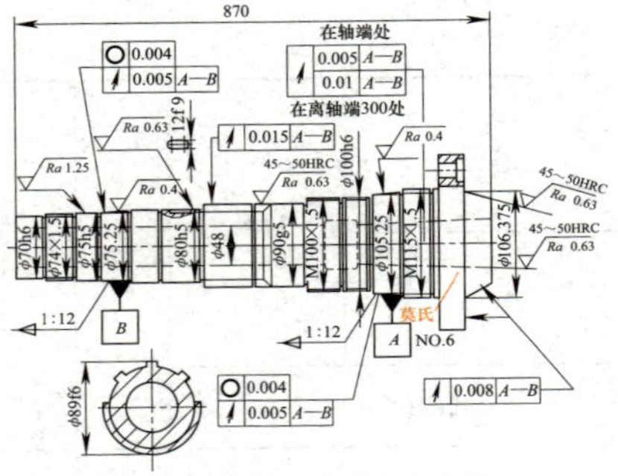 CA6140型卧式车床主轴
材料牌号	20Cr	零件重量	
工艺路线	下料 → 正火 → 粗加工 → 调质处理 → 半精加工 → 渗碳 → 低温 回火 → 粗磨 → 低温人工时效 → 精磨检验 → 成品		

技术要求

渗碳层深度	0.8mm	检验方法	能谱仪线分析
硬度	58HRC		洛氏硬度计
金相组织	回火马氏体		金相显微镜微观组织结构检测
力学性能	抗拉强度100MPa		抗拉强度测试仪
允许变形量	轴端跳动量≤0.005mm		游标卡尺

简图：CA6140型卧式车床主轴

序号	工序名称	设备	装炉方式及数量	装炉温度/℃	加热温度/℃	加热时间/h	保温时间/h	冷却		工时/min
								介质	温度/℃	时间
1	正火	箱式电阻炉		25	860	5	1.2		25	
2	渗碳	井式气体渗碳炉		25	930		1			
3	直接淬火	箱式电阻炉		25	860		6			
3	低温回火	箱式电阻炉		25	180		2		25	
4	低温人工时效	箱式电阻炉		25	130		10			

编制人	编制日期	审核日期

图 19-2 含有正火工艺的工艺卡（片段）

表 19-1 任务 19 学习任务单

姓名		日期	年 月 日 星期
任务 19 退火、正火工艺探究			
序号	任务内容		
1	钢材是不是越硬性能越好呢？举例说出你的理由		
2	什么是退火工艺？把你的认识或体会用通俗的语言讲给同学听		
3	说一说退火工艺的分类及其相应的目的		
4	进一步熟悉一下各种退火工艺的加热温度及平衡组织		
5	什么是正火工艺？把你的理解及感悟用通俗的语言表达出来		
6	尝试写出不同含碳量钢的正火加热温度		
7	总结出正火的几种常见的应用场合		
8	你是否学会了合理选择退火及正火工艺		
9	通过"机械知网"微信公众号等平台拓展相关知识		
10	分享资料来源		

三、探究学习

1. 退火

将工件加热到适当温度，保持一定时间，然后缓慢冷却的热处理工艺称为退火。它的实质是将钢加热到奥氏体化后进行珠光体转变，退火后的组织是接近平衡后的组织。退火的目的如图19-3所示。

图 19-3 退火的目的

1) 退火工艺分类。退火的种类很多，国家标准中列出了二十几种退火工艺。本任务重点探究常见的五种退火工艺，如图19-4所示。不同的退火工艺可以实现不同的目的。

2) 各类退火的目的。

① **完全退火**：目的是细化晶粒，消除内应力，降低硬度以便于随后的切削加工。

② **等温退火**：目的与完全退火相同，但所需时间可缩短一半，且组织也较均匀。

③ **球化退火**：目的是降低硬度，改善切削加工性，获得均匀组织，为以后的淬火做组织准备。

④ **均匀化退火**：目的是通过高温长时间保温，使原子充分扩散，消除晶内偏析，使成分均匀化。

⑤ **去应力退火**：目的是消除残余内应力，提高工件的尺寸稳定性，防止变形和开裂。

3) 退火温度及组织。在工厂里，根据材料含碳量的不同，为充分实现既定的工艺目的，往往不同材料的加热温度、保温时间不尽相同，由此形成的退火后产物也就有了明显的区别，如图19-4所示。

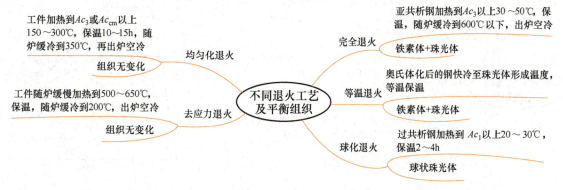

图 19-4 不同退火工艺温度及平衡组织

2. 正火

（1）正火的概念及目的　如图 19-5 所示，正火是工件加热奥氏体化后在空气或其他介质中冷却获得以珠光体组织为主的热处理工艺。

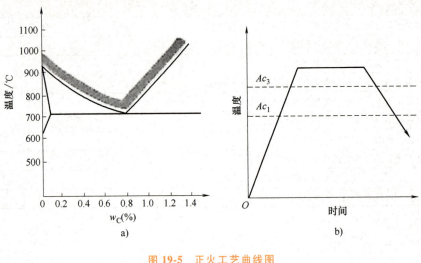

图 19-5　正火工艺曲线图
a）加热温度范围　　b）工艺曲线

正火的目的是细化晶粒，并使组织均匀化；提高低碳钢工件的硬度和切削加工性；消除过共析钢中的网状碳化物，为后续热处理做组织准备。

（2）正火工艺规范及平衡组织　从图 19-6 中可以看出，正火工艺随着材料含碳量不同，所参照的温度线不完全相同。其共同之处是：都将参照温度线以上 30~50℃ 作为加热温度区间；经过保温后，都在自由流动的空气中进行均匀冷却。

作为一种极为重要的热处理工艺，正火既可以作为预备热处理，也可以作为中间热处理，还可以作为最终热处理，满足零件的加工、使用性能要求。

3. 退火及正火工艺的合理选择

图 19-7 所示为退火和正火的工艺曲线对比。从中可见：退火和正火有很多相似点，如加热温度区间、保温时间等，两者之间最大的差异在于正火在空气中冷却，退火随炉冷却，前者的冷却速度要快很多。从经济上考虑，应优先选择正火，但有时也需要考虑切削加工性、组织等方面的影响，所以需要综合权衡后做出选择。

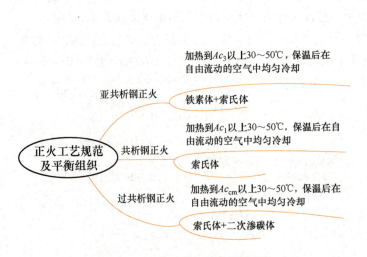

图 19-6　正火工艺规范及平衡组织

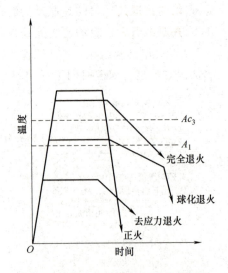

图 19-7　退火和正火的工艺曲线对比

模块3 常用金属材料的改性

四、汇报展示

从任务单中抽取素材进行组合，形成汇报材料。建议的组合为：任务单第 1~3 条；第 4~6 条；第 7、8 条；也可以自定义组合。采用适当的方式进行汇报。汇报方式参考表 19-2 中的"资源整合"。

五、评价总结

汇报展示之后，请完成表 19-2。

表 19-2 任务 19 评价表

指标	评分项目		自我评价	得分点	得分
知识获取	□了解退火的基本概念		□结论明确 □抓住重点 □及时总结 □发现兴趣点	每项 5 分 共 40 分	
	□熟悉退火的种类及其目的				
	□了解各种退火工艺的加热温度区间及平衡组织				
	□了解正火的基本概念				
	□熟悉不同含碳量钢材的正火温度区间				
	□熟悉不同含碳量钢材正火的平衡组织				
	□了解退火和正火的区别				
	□了解退火及正火工艺规范的选择原则				
学习方法	□能从学习任务单中提炼关键词		□清晰 □快速 □模糊 □慢速	每项 4 分 共 12 分	
	□能够仔细阅读并理解所查资料内容				
	□能够划出重点内容				
学习能力	注意力	□持续集中 □短时集中 □易受干扰 □与阅读材料难易有关		每项 4 分 共 28 分	
	理解力	□完全理解 □部分理解 □讨论后理解 □教师讲解后理解 □仍有问题未解决			
	阅读分析	□能准确描述退火和正火工艺的区别 □能归纳本次任务学习重点			
	资源整合	□文本 □图表 □陈述 □导图 □表达式 □一份清单 □系列情境			
	表达能力	□开场总结前面所学知识	教师点评：		
		□开场表述内容正确、条理清楚			
		□汇报展示			
素养提升	主动参与	□积极主动阅读、记笔记	□符合 □一般 □有进步	每项 5 分 共 20 分	
	独立性	□自觉完成任务 □需要督促			
	自信心	□文明用语、乐于教人 □若时间允许能解决 □感觉有点难			
	信息化应用	分享资料渠道与类型：			
总评：□满意 □不满意 □还需努力 □有进步				总分：	

习题测试

1. 【填空】退火是将工件加热到_____，保持_____，然后_____冷却的热处理工艺。
2. 【填空】常见的退火种类主要有____、____、____、____、____。
3. 【填空】完全退火的目的是____、____，降低硬度以便于随后的切削加工。
4. 【填空】去应力退火的目的是____，提高工件的尺寸稳定性，防止变形和开裂。
5. 【填空】正火的应用场合有____、____、____。
6. 【单选】亚共析钢正火是将钢加热到（ ）以上 30~50℃，保温后，在自由流动的空气中均匀冷却的热处理工艺。

  A. Ac_1 B. Ac_3 C. 720℃   D. Ac_{cm}

7. 【单选】亚共析钢正火后的平衡组织是（   ）。

  A. 铁素体   B. 珠光体   C. 铁素体+索氏体   D. 索氏体

8. 【判断】共析钢正火后的平衡组织是索氏体。（   ）

9. 【判断】等温退火后能获得均匀的珠光体+铁素体组织。（   ）

拓展阅读

  金属材料整体热处理由加热、保温、冷却等环节组成，工艺过程要特别注意"节约能源资源、控制碳排放"的问题，这与实现碳达峰和碳中和的目标密切相关。只有实行全面节约战略，持续降低单位产出能源资源消耗和碳排放，提高投入产出效率，才能从源头和入口形成有效的碳排放控制阀门。大家可以搜索相关关键词了解备受瞩目的"碳达峰""碳中和"，看如何重塑中国与世界发展格局。

任务20 淬火工艺探究

引导文

  开场交流两个话题：①用最简短的语言概括退火及正火的工艺特点及目的，并说出它们最显著的区别；②在你的生活体验中有没有对淬火直观的认识，说说看。

  图20-1所示热处理工艺卡中的第三道工序是对制动轮零件实施的淬火工艺。卡片中清晰地标注了淬火所用的设备、装炉温度、加热终止温度、保温时间、冷却介质、冷却方法等，充分说明淬火并非简单意义上"烧红了扔水里"那么简单。如果没有人、机、料、法、环五因素的周密保障，性能合格的零件就成了"无源之水"。因此一定要重视工艺方法各环节的有机联系及相互补充。

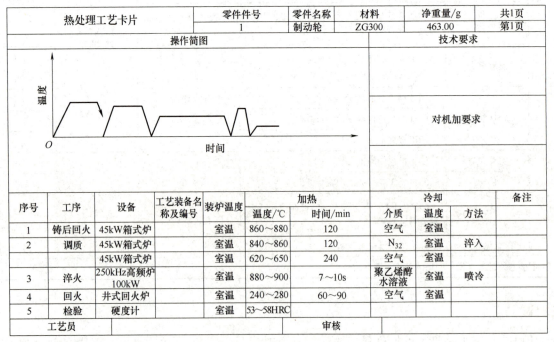

图20-1 含有淬火工艺的工艺卡

学习流程

一、确认信息

  确认如图20-1所示淬火热处理工艺，启动任务。

二、领会任务

逐条领会学习任务单（表20-1）。

表20-1 任务20学习任务单

姓名		日期	年　月　日　星期
任务20　淬火工艺探究			
序号	任务内容		
1	什么是淬火工艺？通过课堂学习把你的感受讲给老师、同学听		
2	淬火过程中的加热温度如何把控		
3	淬火过程中常用的冷却介质有哪些		
4	淬火工艺方法可以细分为哪些类型		
5	对于不同含碳量的钢材，淬火后的平衡组织主要有哪些		
6	经常听说的淬透性应当如何正确理解		
7	还听到淬硬性，是不是淬透性的另一种称谓		
8	你能否通过上述知识的学习比较几种典型材料的淬硬性和淬透性		
9	通过"机械知网"微信公众号等平台拓展相关知识		
10	分享资料来源		

三、探究学习

通过前面的环节，大家已经对淬火有了一定的了解，采用该工艺方法可以明显提高材料的硬度，由此也就明显提升了材料的耐磨性。但是工艺实施中面对零件不同含碳量、不同形状、冷却用不同介质、甚至加热用不同炉子、炉子的温度场不均匀等问题时，该如何保证淬火质量呢？带着这些疑惑，分几个具体步骤深入学习。

1. 淬火工艺及其目的

如图20-2所示，将钢加热到相变温度以上（亚共析钢Ac_3以上30~50℃；共析钢和过共析钢Ac_1以上30~50℃），保温一定时间后快速冷却，获得马氏体组织的热处理工艺称为淬火。

常用的淬火冷却介质是水和油；为了减少零件淬火时的变形，可用盐浴作为冷却介质。水和油是什么时候开始成为淬火的主要冷却介质的呢？如果对此还很好奇，请大家翻阅模块3任务20进阶了解历史。

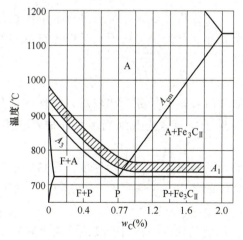

图20-2　碳素钢的淬火加热温度范围及淬火现场

钢淬火得到的组织主要是马氏体（或下贝氏体），其目的是提高钢的硬度、强度和耐磨性。为了得到稳定的马氏体组织，控制好加热温度及保温时间至关重要，如果控制不当会有什么影响呢？可以通过翻阅模块3任务20进阶了解与淬火时间有关的知识。

2. 淬火方法

如图20-3所示，根据淬火过程中冷却介质、冷却方法的不同，可将淬火方法细分为四种。

（1）**单液淬火** 将奥氏体化工件浸入某一种淬火介质中，一直冷却到室温的淬火操作方法。单液淬火介质有水、盐水、碱水、油及专门配制的淬火冷却介质等。

（2）**双液淬火** 将奥氏体化工件先浸入一种冷却能力强的介质中，在钢件还未达到该淬火冷却介质温度之前即取出，马上浸入另一种冷却能力弱的介质中冷却，如先水后油、先水后空气等。双液淬火可减小变形和开裂倾向，但操作不好掌握，在应用方面有一定的局限性。

（3）**分级淬火** 将奥氏体化工件先浸入温度稍高或稍低于钢的马氏体点的液态介质（盐浴或碱浴）中，保持适当的时间，待钢件的内、外层都达到介质温度后取出空冷，以获得马氏体组织的淬火工艺。

（4）**等温淬火** 将钢件奥氏体化，使之快速冷却到下贝氏体转变温度区间（260~400℃）等温保持，使奥氏体转变为下贝氏体的淬火工艺，一般保温时间为30~60min。

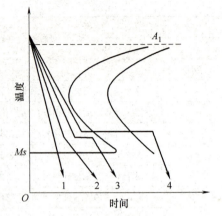

图20-3　淬火方法
1—单液淬火　2—双液淬火
3—分级淬火　4—等温淬火

上述几种淬火方法，主要是针对工件进行整体热处理来达到改性的目的。假如只关注工件上部分位置、部分结构、部分截面的硬度值，如图20-4所示工件，该如何对其实施淬火呢？

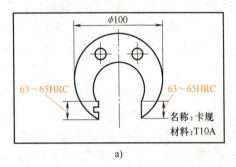
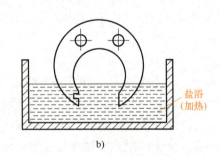

图20-4　卡规工件图

该工件在工作时主要依靠两个卡爪对外廓尺寸进行尺寸合格性检查，所以只有卡爪位置是容易磨损部位。为了提高其硬度及耐磨性，必须进行局部淬火。什么是局部淬火呢？是否还有更多的淬火方法需要了解呢？请查阅模块3任务20进阶进行深度探究。

3. 钢的淬透性

钢淬火时形成马氏体的能力称为钢的淬透性。该部分内容是本任务中比较难以掌握的部分，但又是热处理工艺中极为重要的内容，掌握淬透性的概念有助于学习者直观地判断某种材料的淬火特性。钢的淬透性测定通常采用如图20-5所示装置及方法。

一般规定，由钢的表面至内部马氏体组织量占50%处的距离称为淬硬性深度。在热处理生产中常用临界淬透直径（心部能淬透的最大直径）来衡量淬透性的大小。想进一步了解该测定方法吗？

钢的淬透性值用JXX-d格式表示。其中：

J：末端淬火的淬透性；d：距水冷端的距离；XX：该处的硬度（洛氏硬度或维氏硬度）。

例如：淬透性值J42-15表示距水冷端15mm处的硬度为42HRC；淬透性值JHV450-10表示距水冷端10mm处的硬度为450HV。

淬透性既然如此重要，那么影响其大小的因素到底有哪些呢？主要包含含碳量、合金元素的百分比、奥氏体化温度、钢中未溶第二相等。详细的影响原因及影响趋势，请翻阅模块3任务20进阶一探

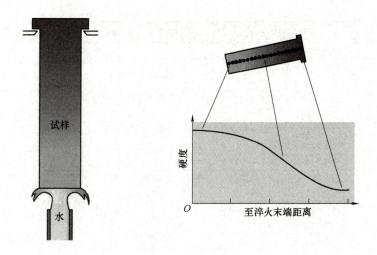

图 20-5 淬透性测定装置及试验方法

究竟。

小结：钢的淬透性主要决定于钢中合金元素的种类和含量。

4. 钢的淬硬性

钢的淬硬性是指钢淬火后能够达到的最高硬度。淬硬性主要决定于材料中碳的质量分数。例如：T12钢淬火后硬度为62~65HRC，45钢淬火后硬度为55~58HRC。

所以，对于需要有较高硬度和耐磨性的刃具、冷作模具，要求其制造用原材料有很高的淬硬性。

5. 钢的淬透性和淬硬性的比较

淬透性和淬硬性是两个不同的概念，但是很多初学者很容易混淆。为了加深理解，这里列举三种材料进行分析，相信学完就非常清楚了。

边练边想边理解记忆：比较T10、20CrMnTi、40Cr三种钢的淬透性和淬硬性。

由于淬透性主要取决于合金元素的种类和含量，而且合金元素的存在更容易在加热中融入奥氏体，且合金的种类越多，其淬透性越好。所以，按淬透性好坏排序应该是20CrMnTi、40Cr、T10。

淬硬性是与碳的质量分数有关的，T10中碳的质量分数是1%，20CrMnTi中碳的质量分数是0.2%，40Cr中碳的质量分数是0.4%，所以按淬硬性好坏排序应该是T10、40Cr、20CrMnTi。

四、汇报展示

从任务单中抽取素材进行组合，形成汇报材料。建议的组合为：任务单第1~3条；第4、5条；第6~8条；也可以自定义组合。采用适当的方式进行汇报。汇报方式参考表20-2中的"资源整合"。

五、评价总结

汇报展示之后，请完成表20-2。

表 20-2 任务20评价表

指标	评分项目	自我评价	得分点	得分
知识获取	□了解淬火的基本概念	□结论明确 □抓住重点 □及时总结 □发现兴趣点	每项5分 共40分	
	□熟悉淬火方法种类及其目的			
	□熟悉各种淬火工艺的加热温度区间及平衡组织			
	□熟悉单液淬火、双液淬火的特点			
	□了解其他淬火方法			
	□熟悉淬透性概念			
	□了解淬透性的测定方法			
	□熟悉淬硬性和淬透性之间的区别，能做简单判断			

(续)

指标	评分项目		自我评价	得分点	得分
学习方法	□能从学习任务单中提炼关键词 □能够仔细阅读并理解所查资料内容 □能够划出重点内容		□清晰 □快速 □模糊 □慢速	每项 4 分 共 12 分	
学习能力	注意力	□持续集中 □短时集中 □易受干扰 □与阅读材料难易有关		每项 4 分 共 28 分	
	理解力	□完全理解 □部分理解 □讨论后理解 □教师讲解后理解 □仍有问题未解决			
	阅读分析	□能深刻理解淬透性 □能归纳本次任务学习重点			
	资源整合	□文本 □图表 □陈述 □导图 □表达式 □一份清单 □系列情境			
	表达能力	□开场总结前面所学知识 □开场讨论热烈 □汇报展示	教师点评：		
素养提升	主动参与	□积极主动阅读、记笔记	□符合 □一般 □有进步	每项 5 分 共 20 分	
	独立性	□自觉完成任务 □需要督促			
	自信心	□文明用语、乐于教人 □若时间允许能解决 □感觉有点难			
	信息化应用	分享资料渠道与类型：			
总评：□满意 □不满意 □还需努力 □有进步				总分：	

习题测试

1. 【填空】淬火是将钢加热到____温度以上，保温一定时间后，____冷却获得____的热处理工艺。
2. 【填空】淬火常用的冷却介质有____、____。
3. 【填空】为了减少零件淬火时的变形，可用____作为冷却介质。
4. 【填空】淬火方法主要有____、____、____、____。
5. 【单选】钢的（ ）表示钢淬火后能够达到的最高硬度。
   A. 淬透性　　　B. 淬硬性　　　C. 加热温度　　　D. 保温时间
6. 【单选】淬透性值 J42-15 表示距水冷端（ ）处的硬度为 42HRC。
   A. 15mm　　　B. 42mm　　　C. 头部　　　D. 尾部
7. 【判断】亚共析钢随含碳量增加，奥氏体等温转变曲线右移，淬透性提高。（ ）
8. 【判断】合金钢往往比碳素钢的淬透性要好。（ ）
9. 【判断】保温时间越长，淬透性越好。（ ）
10. 【判断】淬透性好的材料淬硬性一定好。（ ）

拓展阅读

其实从古至今关于"淬"的记录和经典语句有很多。《史记》卷二七记载"火与水合为焠（同淬）"，并曰"汝南西平有龙泉水，可以淬刀剑，特坚利，故有龙泉之剑，楚之宝剑也"。由此大家换个角度理解"水火不容"或许会有新解，两者科学融合之时，也是"淬炼意志，塑造人格"的最高境界，我们身边的技能大师、大国工匠无不经历了淬炼才得以成长，丰富了自己、报效了国家。

任务 21　回火工艺探究

引导文

利用几分钟时间完成两个工作：①简要说明淬火工艺的核心目的是什么。②在日常生活、电影、电视中看到的铁匠打铁过程,是否铁匠铺把打造成形、烧得通红的工件往冷水中一扔就万事大吉,完成制造任务了呢?如果不是,又该如何操作?

请仔细阅读如图 21-1 所示工艺卡,是否似曾相识?对,该图与上次任务中讲解淬火部分的工艺卡截图完全一样。在该图中能看到两个现象:①第一道热处理工序中就安排了一道名为"铸后回火"的工序,很明显该工序用在铸造之后,应该是为了缓解或者释放铸造过程中的某些内应力;②在第四道热处理工序中,再次安排了回火工序,该工序处于淬火工序之后,感觉上应该是对淬火工序所做的补充或者弥补。同时,回火工序与淬火工序一样,所用的设备、装炉温度、加热终止温度、保温时间、冷却介质等都填写得非常详细。那么我们是否可以假想回火工序往往应该是对其他热加工工序的补充?带着这样的猜测,让我们开启新任务的学习。

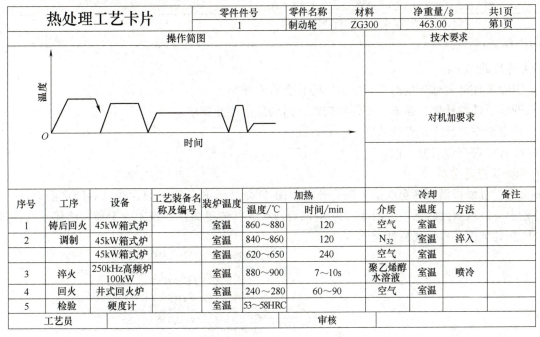

图 21-1 含有回火工艺的工艺卡

学习流程

一、确认信息

确认如图 21-1 所示回火热处理工艺,启动任务。

二、领会任务

逐条领会学习任务单(表 21-1)。

三、探究学习

1. 回火的必要性

回火是淬火后必须进行的热处理工艺,淬火和回火是不离不弃的好伙伴,淬火可以是钢铁变得更硬更强,但是回火可以使得钢铁变得具有一定的韧性,也就是以牺牲少量的硬度来换取适当的柔性,使得材料在工作的过程中做到"游刃有余",各项性能指标做到适度、和谐。如果想用更清晰的理论去解释这个问题,可以翻到模块3任务21进阶汲取力量。同学之间也要像淬火和回火一样,相互协调配合,既要有个体冲锋在前不惧困难的勇气,也要讲求团队合作,发挥出团队里每个人的潜力。接下来让我们抽丝剥茧深入学习回火工艺。

2. 回火的定义及目的

回火是钢件淬火后,为了消除内应力并获得所要求的组织和性能,将其加热到 Ac_1 以下某一温度,保温一定时间,然后冷却至室温的热处理工艺。

表21-1 任务21学习任务单

姓名		日期	年　月　日　星期
任务21　回火工艺探究			
序号	任务内容		
1	什么是回火工艺？通过课堂学习把你的感受讲给教师、同学听		
2	回火分为哪几种类型？各自温度区间是如何划分的		
3	什么是调质？调质工艺主要应用于什么类型零件		
4	每一种回火之后的平衡产物是什么？发生了何种组织转变		
5	各种回火的目的有何区别？各用于什么场合		
6	经过回火后钢的力学性能发生了哪些显著变化		
7	回火脆性是怎么回事？能否避免？如何避免		
8	能否结合典型零件如主轴、弹簧，尝试选择回火方法		
9	通过"机械知网"微信公众号等平台拓展相关知识		
10	分享资料来源		

回火的目的如下：
1）消除工件淬火时产生的残余应力，防止变形和开裂。
2）调整工件的硬度、强度、塑性和韧性，达到使用性能要求。
3）稳定组织与尺寸，保证精度。
4）改善和提高切削加工性。

3. 回火工艺的分类

回火工艺可以根据加热温度的不同，分成如图21-2所示的三种类型，在以后的产品设计、制造、维修过程中可以根据此图选用。图21-2中的高温回火尤其值得关注，在工业上通常将淬火与高温回火相结合的热处理工艺称为调质处理。

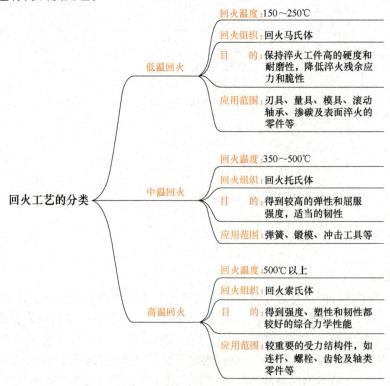

图21-2　回火工艺的分类

在某些场合，尤其对于中碳钢，调质和正火所达到的性能指标比较接近，为了节约能源，提高产品的经济型，往往也会采用正火代替调质。表21-2列出了45钢（直径20～40mm）调质与正火处理后力学性能的比较，供参考。

表 21-2 45 钢（直径 20~40mm）调质与正火处理后力学性能的比较

热处理状态	R_m/MPa	A(%)	a_K/J	HBW	组织
正火	700~800	15~20	40~64	163~220	索氏体（片状）
调质	750~850	20~25	64~96	210~250	回火索氏体（颗粒状）

4. 不同回火温度下的组织（图 21-3）

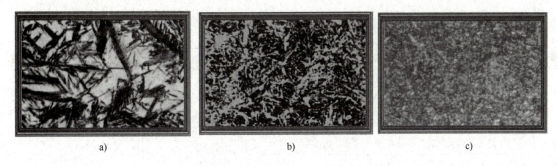

图 21-3 不同回火温度下的组织金相图
a）回火马氏体　b）回火索氏体　c）回火托氏体

5. 回火后钢的力学性能变化

图 21-4 所示为钢回火后力学性能的变化曲线，强度、塑性、硬度三个指标均随着回火温度的升高呈现出单调变化规律。一般情况下，回火温度升高，硬度、强度下降，塑性提高；而冲击韧度随着回火温度的提高显示出比较复杂的变化趋势，尤其是钢在 250~350℃ 和 500~600℃ 两个温度区间回火后，钢的冲击韧度明显下降。

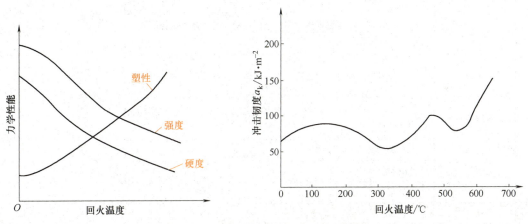

图 21-4 钢回火后力学性能的变化曲线

6. 钢的回火脆性

在回火过程中出现韧性下降的现象称为回火脆性，主要是由于碳化物析出和长大所致，如图 21-5 所示。

淬火钢在 250~350℃ 范围内回火时，出现的脆性称为不可逆回火脆性，又称为第一类回火脆性。几乎所有的钢都存在这类脆性，目前尚无有效办法完全消除，一般都尽量避免在 250~350℃ 这一温度范围内进行回火。

淬火钢在 500~650℃ 范围内回火时，出现的脆性称为可逆回火脆性，又称为第二类回火脆性，快速冷却时则不出现该脆性，如图 21-5 所示。因此，很多合金结构钢在高温回火时采用水冷或者油冷，以避免该类回火

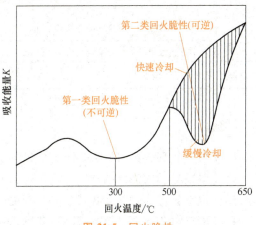

图 21-5 回火脆性

脆性的出现。

四、汇报展示

从学习任务单中抽取素材进行组合，形成汇报材料。建议的组合为：任务单第 1~5 条；第 5~6 条；第 7、8 条；也可以自定义组合。采用适当的方式进行汇报。汇报方式参考表 21-3 中的"资源整合"。

五、评价总结

汇报展示之后，请完成表 21-3。

表 21-3 任务 21 评价表

指标	评分项目		自我评价	得分点	得分
知识获取	□了解回火的基本概念		□结论明确 □抓住重点 □及时总结 □发现兴趣点	每项 5 分 共 40 分	
	□熟悉回火的种类				
	□熟悉回火的目的				
	□了解各种回火工艺的加热温度区间及平衡组织				
	□熟悉各种回火工艺的应用场合				
	□了解回火后钢的力学性能变化趋势				
	□熟悉回火脆性的概念，了解两类回火脆性				
	□了解两类回火脆性的处理原则				
学习方法	□能从学习任务单中提炼关键词		□清晰　□快速 □模糊　□慢速	每项 4 分 共 12 分	
	□能够仔细阅读并理解所查资料内容				
	□能够划出重点内容				
学习能力	注意力	□持续集中　□短时集中　□易受干扰　□与阅读材料难易有关	教师点评：	每项 4 分 共 28 分	
	理解力	□完全理解　□部分理解　□讨论后理解　□教师讲解后理解 □仍有问题未解决			
	阅读分析	□能明确回火的意义　□能归纳本次任务学习重点			
	资源整合	□文本　□图表　□陈述　□导图　□表达式　□一份清单 □系列情境			
	表达能力	□开场总结前面所学知识			
		□开场参与话题积极			
		□汇报展示			
素养提升	主动参与	□积极主动阅读、记笔记	□符合 □一般 □有进步	每项 5 分 共 20 分	
	独立性	□自觉完成任务　□需要督促			
	自信心	□文明用语、乐于教人　□若时间允许能解决　□感觉有点难			
	信息化应用	分享资料渠道与类型：			
总评：□满意　□不满意　□还需努力　□有进步				总分：	

习题测试

1. 【填空】回火是将钢加热到____以下某一温度，保温____，然后冷却至室温的热处理工艺。
2. 【填空】回火的种类有____、____、____。
3. 【填空】淬火钢在 250~350℃ 范围内回火时，出现的脆性称为不可逆回火脆性，又称为____。
4. 【填空】淬火钢在 500~650℃ 范围内回火时，出现的脆性称为可逆回火脆性，又称为____。

5. 【单选】一般情况下,回火温度升高,硬度、强度（　　）,塑性提高。
   A. 下降　　　B. 上升　　　C. 不变　　　D. 无法确定
6. 【判断】螺栓、连杆一般采用中温回火。（　　）
7. 【判断】为了得到锉刀、锯条等工具,应该采用低温回火。（　　）
8. 【判断】为了获得弹簧,应该采用高温回火。（　　）

拓展阅读

回火过程中不同回火温度对于零件的硬度以及总体力学性能具有决定性作用,失之毫厘,谬以千里,尤其在高端装备制造领域,回火工艺具有举足轻重的意义。在全球首台能爬陡坡的大直径硬岩掘进机"永宁号"的研制过程中,就充分体现了这一点。该装备中由12把刀具自动组装成的滚刀,堪称盾构机的"牙齿"。制造过程中,经历了熔铸、打磨、淬火、回火、冷却等10多道工序,滚刀才正式下线,最终实现了"牙口好""掘得快"的最终目标,其中回火功不可没。

项目8　表面改性工艺探究

项目导读

金属的表面改性是指改变金属表面、亚表面层的成分、结构和性能的技术。表面改性工艺包括表面热处理、化学热处理、表面形变强化、表面相变强化、离子注入等,本项目主要研究的内容如项目8导图所示。

项目8导图　主要内容

任务22　表面淬火工艺探究

引导文

首先完成两个任务：①用你自己的语言简洁、清晰地表述"四把火"的工艺特点；②如果说前面几项任务所完成的热处理是使工件热处理后达到"表里如一"性能的话,那么是否有相应的工艺方法能实现工件的"表里不一"呢？表面坚硬、心部强韧？表面抗磨损、心部耐冲击？

从曲轴磨床头架主轴热处理工艺卡（图22-1）中可以发现工件经过了退火、调质的整体热处理,然后对于特殊表面采用了感应淬火的方式进行表面淬火,淬火完成后进行了回火,从中可以感悟到没有哪道工序是独立存在的,再一次体现出前后呼应的特点。

在表22-1中则详细制定了滑套的感应淬火工艺参数,对表面硬度、硬化层深度、心部硬度等也做了详细的规定。可见,表面淬火技术在实现零件性能"表里不一"方面的重要性。

表22-1　滑套的感应淬火工艺参数

滑套（16MnCrS5）	
淬火和回火,芯模式感应淬火	
功率/kW	100
频率/kHz	10（或20）
周期时间（包括装卸）/s	60
表面硬度 HV1	650~720
硬化层深度/mm	0.3~0.6
心部硬度 HV1	320~420
精度	—
同心度/mm	<0.05
平行度/mm	<0.08
圆锥度、垂直度/mm	<0.05

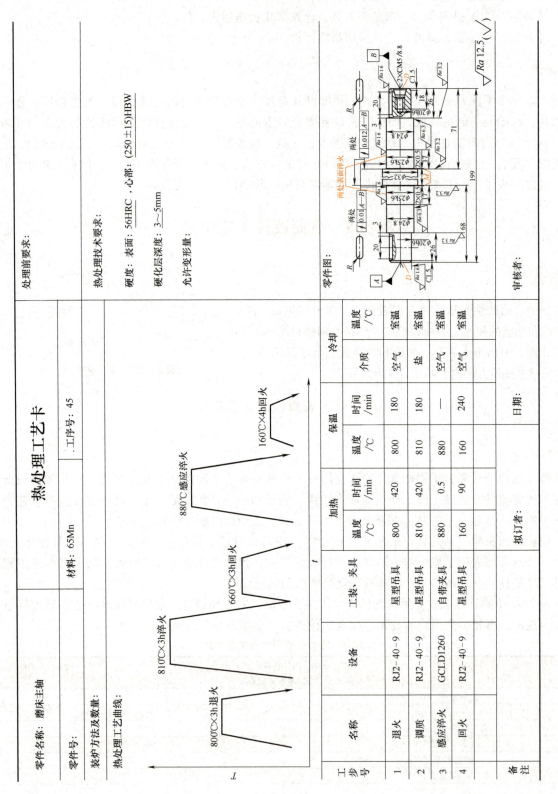

图 22-1 含有表面淬火（感应淬火）工艺的工艺卡

学习流程

一、确认信息
确认图22-1及表22-1中的表面淬火热处理工艺，启动任务。

二、领会任务
逐条领会学习任务单（表22-2）。

表22-2 任务22学习任务单

姓名		日期	年　月　日　星期
任务22　表面淬火工艺探究			
序号	任务内容		
1	什么是表面淬火？表面淬火的目的是什么		
2	表面淬火和整体淬火的工艺区别是什么？把你的认识或体会讲给同桌听		
3	表面淬火的方法有几种？最常用的有哪些		
4	表面淬火以后工件所获得的组织结构如何		
5	各类表面淬火的工作机理是什么		
6	表面淬火常用哪些设备来实现		
7	在工艺编制中如何安排表面淬火的顺序		
8	影响表面淬火硬化层的因素有哪些		
9	通过"机械知网"微信公众号等平台拓展相关知识		
10	分享资料来源		

三、探究学习

顾名思义，表面淬火仅侧重于提高工件表面的力学性能，尤其是硬度和耐磨性，因此为了防止改变表面性能的过程中影响内部，往往需要有较快的瞬时加热速度，实现快热快冷，从而获得所需要的组织。随着科技的发展，这样的需求实现起来是比较容易的。

1. 表面淬火工艺及其目的

表面淬火工艺是仅对工件表层进行的淬火。目的是提高工件表面的硬度、耐磨性和疲劳强度，而心部仍具有较高的韧性。它常用于轴类、齿轮类等零件。操作时利用快速加热的方法使工件表层奥氏体化，然后立即淬火，使表层组织转变为马氏体，心部组织基本不变。表面淬火后一般进行低温回火。根据加热方法不同，表面淬火可分为感应淬火、火焰淬火、接触电阻加热淬火、电解液淬火等，以前两种方法应用最广，如图22-2所示。

图22-2　表面淬火的常用方法

2. 常用表面淬火工艺

（1）感应淬火

1）感应淬火原理。利用感应电流，通过工件所产生的热量，使工件表层、局部或整体被加热，并迅速冷却的淬火工艺，如图22-3所示。

某45钢制齿轮在经过调质整体热处理之后，对齿面进行感应淬火的加热原理及现场施工照片，如图22-4所示。

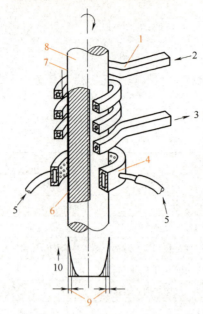

图 22-3 感应淬火原理

1—加热感应器 2—进水 3—出水 4—淬火喷水套 5—水 6—加热淬火层
7—间隙 8—工件 9—电流集中层 10—电流密度

图 22-4 45 钢制齿轮感应淬火

2) 淬火后组织。表面为马氏体，心部组织不变。如先经调质处理，心部组织为回火索氏体。该工序执行完以后通常要配合低温回火，即淬火后进行 180~200℃ 的低温回火。表面为回火马氏体，以降低淬火应力，保持高硬度和高耐磨性；心部为回火索氏体。保证强韧性。

3) 工程应用。用于中碳钢和中碳低合金钢，如 45、40Cr、40MnB 钢等；用于齿轮、主轴、曲轴等零件的表面硬化，提高耐磨性。

感应淬火示意图如图 22-5 所示。

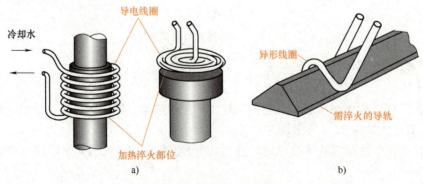

图 22-5 感应淬火示意图

感应淬火适用范围比较广,若要进一步了解其热处理特点,请查阅模块3任务22进阶。

4)工艺路线安排。感应淬火零件的加工路线一般为:锻造毛坯→正火或退火→机械粗加工→调质或正火→机械精加工→感应淬火→180~200℃回火→磨削。

(2)火焰淬火

1)火焰淬火原理。将工件置于氧乙炔(也可用天然气等)火焰中,表面快速加热至淬火温度后喷水淬冷。火焰温度一般为3000℃左右,其工作原理如图22-6所示。它的设备简单,常用于单件小批生产或零部件的维修。

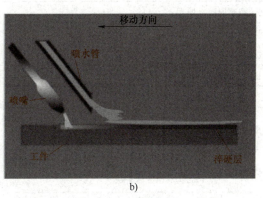

图22-6 火焰淬火工作原理

2)淬火设备及淬硬组织。设备包括:①喷嘴;②淬火机床;③燃烧控制装置。有四种常用的加热方式,如图22-7所示。

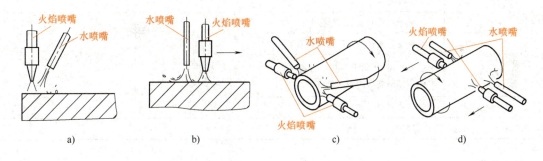

图22-7 火焰加热方式

a)固定加热 b)移动加热 c)旋转加热 d)旋转移动加热

火焰淬火后表面为马氏体,心部组织不变。火焰淬火的淬硬层深度为2~8mm。工件淬火后一般应进行180~200℃低温回火,大型工件可采用自回火。淬火表面在磨削之后应进行二次回火,以减小内应力。

(3)其他表面淬火工艺方法 其他表面淬火工艺方法还有接触电阻加热淬火、电子束淬火、激光淬火、电解液淬火供生产选用。这两种工艺方法的更详细介绍请查阅模块3任务22进阶。

四、汇报展示

从学习任务单中抽取素材进行组合,也可以自定义组合,形成汇报材料。采用适当的方式进行汇报。汇报方式可参考表22-3中的"资源整合"。

五、评价总结

汇报展示之后,请完成表22-3。

表 22-3 任务 22 评价表

指标	评分项目		自我评价	得分点	得分
知识获取	□了解表面淬火的基本概念		□结论明确 □抓住重点 □及时总结 □发现兴趣点	每项5分 共40分	
	□熟悉表面淬火的种类及其目的				
	□了解各种表面淬火工艺的设备及应用场合				
	□了解表面淬火与整体淬火之间的差异				
	□熟悉表面淬火的工序位置				
	□了解表面淬火淬硬层深度的影响因素				
	□了解感应淬火原理				
	□了解火焰淬火原理				
学习方法	□能从学习任务单中提炼关键词		□清晰 □快速 □模糊 □慢速	每项4分 共12分	
	□能够仔细阅读并理解所查资料内容				
	□能够划出重点内容				
学习能力	注意力	□持续集中 □短时集中 □易受干扰 □与阅读材料难易有关		每项4分 共28分	
	理解力	□完全理解 □部分理解 □讨论后理解 □教师讲解后理解 □仍有问题未解决			
	阅读分析	□能理解表面淬火基本概念 □能明晰工艺方法分类 □能归纳本次任务学习重点			
	资源整合	□文本 □图表 □陈述 □导图 □表达式 □一份清单 □系列情境			
	表达能力	□开场总结前面所学知识	教师点评：		
		□开场参与话题积极			
		□汇报展示			
素养提升	主动参与	□积极主动阅读、记笔记	□符合 □一般 □有进步	每项5分 共20分	
	独立性	□自觉完成任务 □需要督促			
	自信心	□文明用语、乐于教人 □若时间允许能解决 □感觉有点难			
	信息化应用	分享资料渠道与类型：			
总评：□满意 □不满意 □还需努力 □有进步				总分：	

习题测试

1. 【填空】表面淬火是为了提高工件表面的____、____和____，而心部仍具有较高的____。
2. 【填空】因加热方法不同，表面淬火可分为____、____、____、____等。
3. 【单选】表面层淬得马氏体后，体积膨胀，表面造成较大的残余____。
   A. 应力　　　B. 压应力　　　C. 切应力　　　D. 弯曲应力
4. 【判断】感应淬火设备较贵，维修、调整比较困难。（　　）
5. 【判断】表面淬火低温回火后，表层得到回火马氏体。（　　）
6. 【判断】火焰淬火设备简单，常用于单件小批生产或零部件维修。（　　）
7. 【简答】请简述感应淬火在零件制造中的工艺顺序。

拓展阅读

在表面淬火工艺中，内外部淬硬层深度、淬硬后组织会有很大的差异，要想实现对该差异的精准控制，必须依靠智能化，最终达到数字化和绿色化制造。制造业高质量发展是我国经济高质量发展的重中之重，需要顺应发展阶段、发展条件和发展格局变化，以高端化、智能化、绿色化为方向，加快结构体系升级、技术路径创新、发展模式优化，把制造业的短板补齐、长板锻长，促进制造业实现质的有效提升和量的合理增长。

任务 23　化学热处理探究

引导文

首先完成两个任务：①思考组织的变化是否会引起材料化学成分的变化。②在损坏的零件中，除了明显的折断外，是否还有表面的一些摩擦、磨损、磕碰、划伤等现象呢？表面损伤对高精度零件来说重要吗？请发表你的见解。

镗床主轴的热处理工艺卡如图 23-1 所示，镗床主轴作为孔加工过程中广泛使用的重要的制造"母机"，其尺寸精度、力学性能直接关乎被加工零件的质量，所以可以非常清晰地观察到：该主轴在热处理过程中采用了很多道工艺来保证质量。在 1~4 工序中，可以看到我们已经非常熟悉的退火、淬火、回火三兄弟，而且科学排序，各司其职，执行严格的工艺纪律，为产品质量保驾护航。

再观察图 23-1 中的工序 5，是今天要认识的新面孔，也就是化学热处理，从名字上已经感受到了。进一步观察，发现该工序做了细分，分为 4 个工步，每个工步之间又制定了极为严密的实施细则，为镗床主轴最终达到高精度、稳定地维持高精度起着决定性作用。

学习流程

一、确认信息

确认如图 23-1 所示化学热处理工艺，启动任务。

二、领会任务

逐条领会学习任务单（表 23-1）。

表 23-1　任务 23 学习任务单

姓名		日期	年　月　日　星期
任务 23　化学热处理探究			
序号	任务内容		
1	零件出现损伤时通常从哪里开始？举例说出支持你观点的理由		
2	有没有必要由内到外性能完全一致？把你的体会讲给同桌听		
3	回顾一下常规热处理存在的问题，从能源消耗、经济性的角度谈起		
4	化学热处理是怎么回事呢？突出解决什么问题		
5	化学热处理和常规热处理最本质的区别是什么？能否简洁表述		
6	化学热处理过的表面成分、组织有哪些变化		
7	化学热处理有哪些常见种类？工艺上如何实现		
8	化学热处理常用在什么样的零件上		
9	通过"机械知网"微信公众号等平台拓展相关知识		
10	分享资料来源		

三、探究学习

常规热处理改变的是零件的整体性能，而有些性能未必在零件使用过程中是必需的；甚至某些性能需要"内、外有别"，如用于破碎的锤体、夯平地面的偏心摆锤，需要表层或者近表层材料的硬度、耐磨性比较高，但是心部却需要有足够的强度和韧性，以抵抗工作过程中的冲击；还有的工作场合关注零件表面的抗磨损、抗疲劳性能；在海面附近、在高温燃气场中工作的零件需要较强的耐蚀性等。

热处理工艺卡

产品型号		T	零(部)件图号		6112
产品名称		镗床主轴	零(部)件名称		38CrMnAl镗床主轴
材料牌号		38CrMoAl	零件重量		30kg
工艺路线		备料→锻造→退火→粗机械加工→调质处理→精机械加工→去应力退火→粗磨削加工→气体渗氮处理→精磨			

技术条件

硬化层深度	渗氮层深度为0.5mm	检验方法	
硬度	900HV		能谱仪线分析
金相组织	回火马氏体		金相显微镜微观组织结构检测
力学性能	抗拉强度为1000MPa		维氏硬度计
			抗拉强度测试仪
允许变形量	轴端跳动量≤0.005mm		游标卡尺

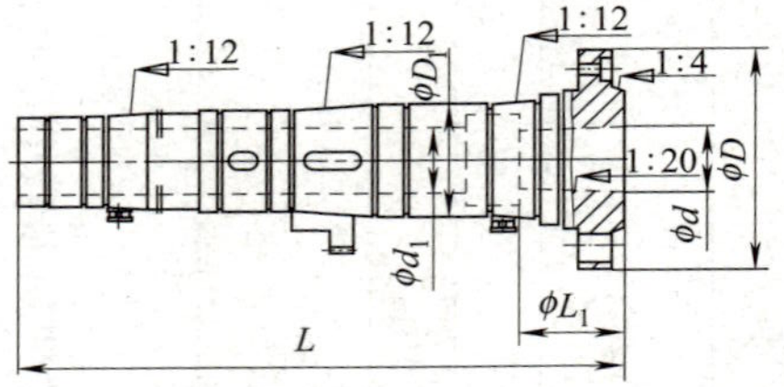

简图：

序号	工序名称		装炉方式及数量	设备	装炉温度/℃	加热温度/℃	加热时间/h	保温时间/h	冷却			工时/min
									介质	温度/℃	时间	
1	完全退火		5件	RJ2-190-9	25	920		3	氮气	25		
2	淬火		5件	RJ2-190-9	25	930		3	水、油			
3	高温回火		5件	RT2-320-9	25	630		4	空气	25		
4	去应力退火		5件	RJ2-320-9	25	610		6	空气			
5	渗氮处理	预处理				400		2				
		一段渗氮	5件	RN-140-6	25	500		30	氮气	25		
		二段渗氮				560		24	空气			
		三段渗氮				530		6				

| 编制人 | | 编制日期 | | 审核日期 | |

图 23-1 含有化学热处理工艺的工艺卡

因此,通过本任务的学习,掌握一种"因势利导、区别对待"的热处理工艺——化学热处理。

(一) 化学热处理及其目的

化学热处理是将钢件置于适当的活性介质中加热、保温,使一种或几种元素渗入钢件的表层,以改变其化学成分、组织结构与性能的热处理。经化学热处理后的钢件,可以看作是一种特殊复合材料,心部为原始成分的钢,表层则是渗入了合金元素的材料。心部与表层之间是紧密的晶体型结合,比电镀等表面防护技术所获得的心、表部的结合要强得多。

化学热处理与常规热处理的本质区别在于:化学热处理通过改变零件表面的化学成分,并辅助以常规热处理改变表面组织来改变表面的性能,而其他热处理不改变材料的化学成分,只通过改变组织来改变性能。

化学热处理的目的如图 23-2 所示。

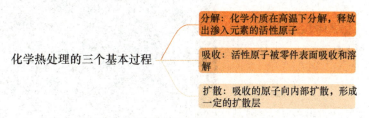

图 23-2 化学热处理的目的

(二) 化学热处理的分类

化学热处理方法繁多,多以渗入元素或形成的化合物来命名,如渗碳、渗氮、渗硼、渗硫、渗铝、渗铬、渗硅、碳氮共渗、氧氮化、硫氰共渗和碳、氮、硫、氧、硼五元共渗及碳(氮)化钛覆盖等。

尽管方法很多,但是所有的化学热处理都要经历三个基本过程,如图 23-3 所示。

图 23-3 化学热处理的三个基本过程

(三) 常用化学热处理方法及其实施

1. 渗碳

渗碳是为提高钢件表层的含碳量并在其中形成一定的碳浓度梯度,将钢件在渗碳介质中加热、保温,使碳原子渗入的化学热处理工艺。

(1) 工艺操作 将低碳钢零件放入渗碳炉中,加热到 900~950℃,滴入煤油、甲醇等有机液体,或通入煤气、石油液化气,产生活性碳原子。通过渗碳,钢件表面获得高浓度碳(碳的质量分数约为 1.0%)。根据设备不同,渗碳分为固体渗碳、液体渗碳和气体渗碳。图 23-4 所示为典型的气体渗碳炉及其原理图。若想了解其他的渗碳方式,请查阅模块 3 任务 23 进阶。

a)

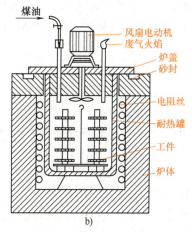

b)

图 23-4 典型的气体渗碳炉及其原理图

渗碳工艺往往和紧随其后的淬火及低温回火工艺配合进行，其工艺曲线如图23-5所示。通过淬火加低温回火，可以消除淬火应力和提高韧性。

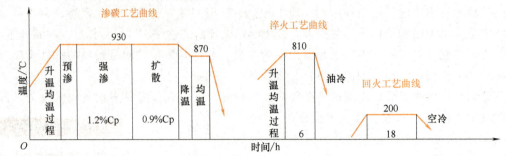

图 23-5 渗碳工艺曲线

Cp—碳势（含碳气氛在一定温度下与工件表面处于平衡时，可使工件表面达到的含碳量）

（2）钢渗碳、淬火、回火后的组织　经过渗碳后，由缓冷的平衡组织可知碳在表层附近的分布，如图23-6所示。

（3）渗碳后的性能

1）表面硬度高。表面硬度为 58～64HRC，耐磨性好。心部硬度为 30～45HRC，心部强韧。

2）疲劳强度高。表层体积膨胀大，心部体积膨胀小，在表层中造成压应力，零件的疲劳强度提高。

（4）渗碳工艺的应用　常用于 20、20Cr、20CrMnTi 等低碳钢和低碳合金钢制造齿轮、轴、销等零件。

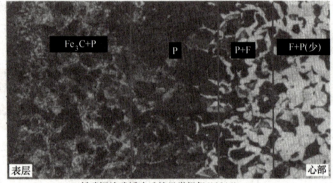

低碳钢渗碳缓冷后的显微组织（100×）

图 23-6 渗碳、淬火、回火后的组织

2. 渗氮

渗氮是向钢件表面渗入氮的工艺，其目的是更大地提高钢件表面的硬度和耐磨性，提高疲劳强度和耐蚀性。常用渗氮钢有 35CrAlA、38CrMoAlA、38CrWVAlA。

（1）工艺操作

1）渗氮前预处理。通常对于中碳结构钢，先调质处理，获得回火索氏体组织，改善切削加工性，保证较高的强度和韧性。

对于形状复杂或精度要求高的零件，精加工后要进行消除内应力退火，以减少渗氮时的变形。

2）气体渗氮。气体介质为氨，对其加热分解：$2NH_3 \rightarrow 3H_2 + 2[N]$。氮原子被钢吸收，溶入表面，向内扩散，形成渗氮层。渗氮温度为 500～600℃，渗氮时间一般为 20～50h。38CrMoAlA 钢的渗氮工艺曲线如图23-7所示。

（2）渗氮后的组织

1）外层：白色 ε 或 γ′ 相的氮化物薄层，很脆，用精磨磨去。

2）中间：暗黑色含氮共析体（α+γ′）层。

3）心部：原始回火索氏体组织。

（3）渗氮后的性能

1）渗氮后硬度很高（1000～1100HV），且在 600～650℃不下降，具有很高的耐磨性

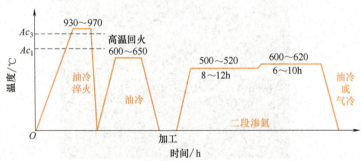

图 23-7　38CrMoAlA 钢的渗氮工艺曲线

和热硬性。

2）渗氮层体积增大，形成表面压应力，疲劳强度大大提高。

3）渗氮温度低，零件变形小。

4）表面形成化学稳定性较高的ε相层，耐蚀性好，在水中、过热蒸气和碱性溶液中很稳定。

（4）渗氮工艺的应用　常用于丝杠、镗床主轴等受力较大，需要较高耐磨性的场合。

3. 碳氮共渗

碳氮共渗是同时向零件表面渗入碳和氮的化学热处理工艺。根据处理温度的不同，碳氮共渗又分为高温碳氮共渗和低温碳氮共渗，低温碳氮共渗以渗氮为主，又被称为软渗氮（具体工艺略）。

（1）高温碳氮共渗工艺操作

1）加热温度：830~850℃。

2）介质：滴入煤油，通入氨气。

3）保温时间：1~2h。

4）共渗层厚度：0.2~0.5mm，渗碳为主。

氮使渗碳加速，共渗温度降低和时间缩短。碳氮共渗后淬火，再低温回火。

（2）碳氮共渗后的性能、应用

1）共渗并淬火后，得到含氮马氏体，耐磨性比渗碳更好。

2）共渗层具有比渗碳层更高的压应力，疲劳强度更高，耐蚀性也较好。

3）实际应用：齿轮、凸轮轴类零件。

四、汇报展示

从学习任务单中抽取素材进行组合，也可以自定义组合，形成汇报材料。采用适当的方式进行汇报。汇报方式参考表23-2中的"资源整合"。

五、评价总结

汇报展示之后，请完成表23-2。

表 23-2　任务 23 评价表

指标	评分项目		自我评价	得分点	得分
知识获取	□了解化学热处理的概念		□结论明确 □抓住重点 □及时总结 □发现兴趣点	每项5分 共40分	
	□熟悉化学热处理的种类及其目的				
	□熟悉渗碳的工艺过程、组织、应用场合				
	□熟悉渗氮的工艺过程、应用场合				
	□熟悉碳氮共渗的工艺过程、应用场合				
	□了解各种化学热处理所用的设备				
	□了解各类化学热处理之后的配套处理工艺				
	□了解各种化学热处理的选用原则				
学习方法	□能从学习任务单中提炼关键词		□清晰　□快速 □模糊　□慢速	每项4分 共12分	
	□能够仔细阅读并理解所查资料内容				
	□能够划出重点内容				
学习能力	注意力	□持续集中　□短时集中　□易受干扰　□与阅读材料难易有关		每项4分 共28分	
	理解力	□完全理解　□部分理解　□讨论后理解　□教师讲解后理解 □仍有问题未解决			
	阅读分析	□能将常用化学热处理工艺分类　□能归纳本次任务学习重点			
	资源整合	□文本　□图表　□陈述　□导图　□表达式　□一份清单 □系列情境			
	表达能力	□开场总结前面所学知识	教师点评：		
		□开场参与话题积极			
		□汇报展示			

(续)

指标	评分项目		自我评价	得分点	得分
素养提升	主动参与	□积极主动阅读、记笔记	□符合 □一般 □有进步	每项5分 共20分	
	独立性	□自觉完成任务　□需要督促			
	自信心	□文明用语、乐于教人　□若时间允许能解决　□感觉有点难			
	信息化应用	分享资料渠道与类型：			
总评：□满意　□不满意　□还需努力　□有进步				总分：	

习题测试

1. 【填空】化学热处理是将钢件置于适当的活性介质中＿＿＿＿、＿＿＿＿，使一种或几种元素渗入钢件的＿＿＿＿，以改变其＿＿＿＿、＿＿＿＿与＿＿＿＿的热处理。

2. 【填空】化学热处理后，心部为原始成分的钢，表层则是＿＿＿＿的材料。

3. 【填空】渗碳工艺分为＿＿＿、＿＿＿、＿＿＿三种。

4. 【填空】渗碳工艺往往和紧随其后的＿＿＿及＿＿＿工艺配合进行。

5. 【多选】化学热处理的目的是提高零件的（　　）、（　　）、（　　）。
   A. 疲劳强度　　B. 耐磨性　　C. 塑性　　D. 耐蚀性及抗高温氧化性

6. 【多选】化学热处理基本过程有（　　）、（　　）、（　　）。（按顺序）
   A. 吸收　　B. 分解　　C. 加热　　D. 扩散

7. 【判断】化学热处理通过改变零件表面的化学成分，并辅助以常规热处理改变表面组织来改变表面的性能，而其他热处理不改变材料的化学成分，只通过改变组织来改变性能。（　　）

8. 【判断】渗碳工艺较多用于低碳钢。（　　）

9. 【判断】渗氮工艺较多用于中碳合金钢。（　　）

拓展阅读

化学热处理过程有化学反应发生，并利用物理方法来改变钢件表层的化学成分及组织结构，是一种经济性更好的金属热处理工艺。对于化学成分、组织结构的控制，也正是党的二十大提出的"数字中国"关注的重要分支。许多科学家在将热处理工艺与数字化相结合方面做出了重要贡献。华中科技大学"钢铁院士"崔崑教授在该领域是我们学习的楷模。他编著的《钢的成分、组织与性能》具有极高的参考价值。

任务24　表面强化工艺探究

引导文

首先完成两个任务：①前面几次任务中，我们接触到的热处理可谓种类繁多，原理、设备、工艺各异，那么能否从纷繁复杂的现象中总结出一些规律呢？是否发现有的热处理属于从物理的角度对材料实施改性，而有的是从化学的角度实施的呢？②科技发展日新月异，是否还有很多我们听说过但不太了解原理的新工艺呢？我们带着渴望开始本任务的学习，你将为科技的神奇而惊叹，原来知识的海洋如此浩瀚，我们所知的只是沧海一粟！

表24-1列出了不同材料激光淬火的参数及性能，从该表中发现，激光淬火是与前面任务中的整体热处理、表面热处理不同的一种工艺手段，前面工艺中关注更多的是加热温度等指标，而此处更多强调的是输出功率、扫描速度、离焦量等参数。所以，科技的发展使得某种目标的达成可以有很多种方案供选择，需要掌握大量的知识，依赖于丰富的经验，进行综合权衡，在确保质量的前提下，制定出

优质、高产、低消耗的热处理工艺。

表24-1 不同材料激光淬火的参数及性能

材料	输出功率/W	扫描速度/(mm/min)	离焦量/mm	倾角	淬硬层深度/mm	淬硬层硬度HV
20	1200	500	15	7°	0.90	420
45					0.94	560
20CrMnTi					1.00	520
20CrMo					1.05	720

学习流程

一、确认信息

确认本任务要学习的材料改性技术，启动任务。

二、领会任务

逐条领会学习任务单（表24-2）。

表24-2 任务24学习任务单

姓名		日期	年 月 日 星期
任务24 表面强化工艺探究			
序号	任务内容		
1	除前面任务所述外，又学到了哪些传统表面改性技术		
2	喷丸强化的原理是什么？把你的体会讲给同桌听		
3	喷丸强化的优点有哪些		
4	查阅资料，哪些零件会采用喷丸强化工艺		
5	滚压强化的原理是什么？把你的感受给大家做个分享		
6	哪些场合会用到滚压强化工艺		
7	激光淬火是怎么回事		
8	激光淬火工艺如果应用于铝合金是否容易实现		
9	通过"机械知网"微信公众号等平台拓展相关知识		
10	说说电子束和离子束有哪些应用		

三、探究学习

常规热处理改变的是零件的整体性能，化学热处理立足于提高零件表层或者近表层材料的硬度、耐磨性、抗疲劳、耐腐蚀及高温氧化性，侧重于表面性能的提升。随着科学技术的进步，现代材料表面改性技术在向更高的方向迈进，本任务选择几种典型技术进行探究学习。

（一）表面强化处理及其目的

材料表面强化处理（表面改性）是指不改变材料整体（基体）特性，仅改变材料近表面层的物理、化学特性的表面处理手段。

现代材料表面强化处理目的：将材料表面与基体看作为一个统一的系统进行设计与改性，以最经济、最有效的方法改变材料近表层的形态、化学成分和组织结构，赋予新的复合性能，以新型的功能实现新的工程应用。因此现代材料表面强化处理技术就是综合应用物理、化学、电子学、机械学、材料学知识，对产品或材料进行处理，赋予材料表面减摩、耐磨、耐蚀、耐热、隔热、抗氧化、防辐射以及声、光、电、磁、热等特殊功能的技术。

（二）表面强化方法的发展

表面强化方法经历了很多阶段，传统的表面强化技术在产品制造中起到了巨大的推动作用；进入

20世纪60年代,传统的淬火技术分支出高频电加热方向;20世纪70年代,化学镀开始出现;近三十年,热喷涂技术得到了长足的发展;激光束、电子束、离子束、表面镀膜、化学(物理)气相沉积等表面强化工艺从20世纪70年代发展起来,不断进步,进入21世纪后,生产应用不断扩大。目前,随着激光技术、计算机技术的发展,与激光相关的很多表面强化方法逐步开始普及。欲进一步了解各阶段的技术发展情况,请翻阅模块3任务24进阶。

(三)典型表面强化方法

1. 喷丸强化

(1)强化原理 将高速弹丸流喷射到工件表面,使工件表层发生塑性变形,形成一定厚度的强化层,强化层内形成较高的残余应力,由于工件表面压应力的存在,当工件承受载荷时可以抵消一部分拉应力,从而提高工件的疲劳强度。图24-1所示为喷丸强化的原理。

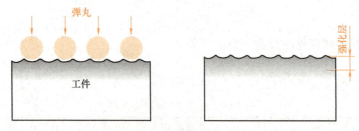

图24-1 喷丸强化的原理

(2)喷丸强化的特点 喷丸强化工艺不受材料种类、材料静强度、工件几何形状和尺寸大小限制,所用设备简单、成本低、耗能少,并且在工件的截面变化处、圆角、沟槽、危险断面以及焊缝区等都可进行,强化效果显著,故在工业生产中得到广泛应用。

喷丸强化能够有效提高应力集中部位的疲劳强度、延长构件寿命(使疲劳强度提高20%~70%),在寿命相同的条件下增加承载能力,可提高耐应力腐蚀性能,允许减小工件尺寸和质量,减少对精加工的要求,降低成本,在使用高强度钢时,不必担心出现缺口敏感性,能够用于对疲劳性能有损害的工艺过程,如放电加工、电解加工以及镀硬铬等过程。图24-2所示为喷丸强化的典型应用场合。

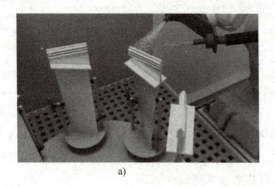

图24-2 喷丸强化的典型应用场合
a)叶片喷丸强化 b)齿轮喷丸强化

2. 滚压强化

(1)滚压强化原理 通过机械手段对金属表面加压,使金属表面产生加工硬化,以提高工件的性能、质量和使用寿命,如图24-3所示。

(2)滚压强化的特点

1)滚压工具按施加载荷的特点,可分为刚性滚压工具和弹性滚压工具。刚性滚压工具滚压时的压下量容易精确控制;弹性滚压工具容易保持恒定的滚压力,适合滚压曲面。

2)滚压强化关键零件——滚轮、滚柱或滚珠,常用材料有GCr15、CrWMn、Cr12、5CrNiMo、9SiCr、高速工具钢(如W18Cr4V)、碳素工具钢(如T10A、T12A)等,材料热处理硬度范围为58~

66HRC，也有采用硬质合金和红宝石材料的。

（3）滚压强化的应用场合　大多数金属材料（如球墨铸铁、低碳钢、合金钢、铜合金、镁合金等）都可以通过表面滚压来进行强化，尤其对于那些不能采用热处理方法进行强化的金属材料（如纯金属、奥氏体不锈钢、高锰钢等），滚压强化是尤其有效的强化方法。表 24-3 中对一些典型材料的内孔在滚压前后的疲劳极限及应力循环次数进行了对比。

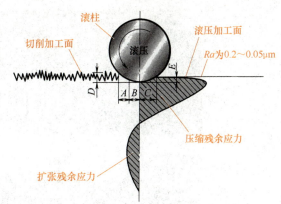

图 24-3　滚压强化原理
A—滚压区域　B—塑性变形区域　C—平滑区域
D—滚压量　E—弹性恢复量

3. 激光淬火

（1）强化机理　激光淬火又称为激光相变硬化，是利用激光将金属材料加热到相变点以上但低于熔点的温度，依靠金属材料自身传导快速冷却达到淬火的目的，其实质是马氏体相变硬化。

表 24-3　不同材料孔滚压前后抗疲劳性能对比

材料	孔直径/mm	应力循环次数/次	疲劳极限/MPa	
			未挤压	挤压
300M	30	1×10^6	280	320
AF410	20	1×10^6	430	610
30CrMnSiNi2A	6	1×10^6	523	680
40CrNiMoA	6	1×10^6	320	470
30CrNiMoA	6	1×10^6	260	300
3H961	12	1×10^6	437	529
Ti6Al4V	20	1×10^6	157	206
7A09	6	1×10^6	60	110
7A04	6	1×10^6	75	121

激光淬火与传统淬火机理完全一致，即通过奥氏体化后以大于马氏体形成的临界冷却速度冷却，达到淬火目的。

根据激光淬火过程中材料的状态，又可按如图 24-4 所示的方法细分。

（2）激光淬火的特点　激光淬火几乎不破坏工件已加工表面粗糙度，辅助以精确定量的数控技术，可基本实现淬火不开裂。还有一些典型的特点，除了涉及热处理过程中组织转变知识外，还涉及光学、热传递等学科知识，有进一步学习兴趣者，请翻阅模块 3 任务 24 进阶。

（3）激光淬火的应用场景　激光淬火设备有半导体激光器、光纤激光器、全固态激光器，其中半导体光纤输出激光器在淬火领域应用最广。激光淬火技术可对各种导轨、大型齿轮、轴颈、气缸内壁、模具、减振器、摩擦轮、轧辊、滚轮零件进行表面强化，适用材料为中、高碳钢和铸铁。图 24-5 所示为激光淬火加工的典型零件。

4. 电子束淬火

利用电子束将金属材料加热至奥氏体转变温度以上，然后急速冷却到马氏体转变温度以下，使其硬化的方法。

（1）强化机理　图 24-6 所示为电子束淬火机理，电子束以极高的速度轰击工件表面，能使工件表

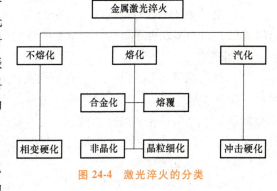

图 24-4　激光淬火的分类

图 24-5 激光淬火加工的典型零件

面以 3000~5000m/s 的速度急速升温，在极短时间内（1/5~1/3s）达到 1000℃，使之达到奥氏体状态，但工件表层以下以及没有受到电子束轰击的区域温度未变，处于冷态。当电子束离开后，表层的热量向冷态的基体传导而以很快的速度（大于临界冷却速度）冷却，从而完成工件表层"自冷"淬火。

（2）工艺特点
1）电子束的加热和冷却速度快。
2）电子束淬火设备整体结构相对简单。
3）电子束与金属表面偶合性好。
4）电子束能量的控制比较方便，通过灯丝电流和加速电压很容易实施准确控制，根据工艺要求很容易实现计算机控制。
5）电子束加热的液相温度相对于激光加热偏低，因而温度梯度较小。
6）电子束是在真空中工作的，可以保证在处理中工件表面不被氧化，并得到纯净的表面处理层。
7）电子束加热时，材料表面的熔化层至少有几微米厚，会影响冷却阶段固液相界面的推进速度。

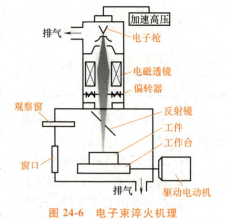

图 24-6 电子束淬火机理

（3）电子束表面改性的应用　电子束表面改性不仅可以利用固态相变机理实现电子束淬火，还可以通过液态相变实现更多功能。详细功能请翻阅模块 3 任务 24 进阶。

5. 离子束注入

（1）强化机理　离子注入后，在零点几微米的表层中增加注入元素和辐射损伤，从而使金属的耐磨性、摩擦系数、抗氧化性、耐蚀性发生显著变化，其机理可用图 24-7 表示。它通过固溶强化、析出相弥散强化、位错钉扎、晶粒细化、压应力效应等强化手段提高表面硬度、耐磨性及抗疲劳强度。通过表面成分变化、表面组织变化等途径提高耐蚀性及抗氧化性。

（2）离子束注入的特点
1）离子束注入是一个非平衡过程，注入元素的选择不受冶金学的限制，注入的浓度也不受平衡相图约束，不像热散那样受到化学结合力、扩散系数及固溶度等方面的限制。
2）注入元素的数量可精确测量和控制，其控制方法是监测注入电荷的数量。

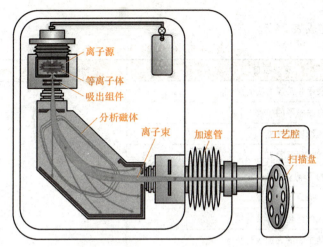

图 24-7 离子束注入强化机理

3）离子束注入是原子的直接混合。

4）离子束注入使金属表面的晶格畸变，形成密结的位错网络，使金属表面强化，与此同时注入原子与位错相互作用，使位错被"钉扎"，位错运动受到阻碍。

5）离子束注入是在高真空下进行的。

6）通过改变注入离子的能量大小可以控制注入层的厚度。

（3）应用场合

1）微电子工业中进行微电子加工。

2）冶金学中用来制备新材料。

3）刀具、工具、模具、零部件中广泛采用。尤其在刀具制造中，将氮离子注入加工较轻质刀具，可使刃口锋利，寿命延长 2~12 倍；在模具加工中，可以显著延长模具寿命 2~12 倍。

表 24-4 列出了不同用途工具经过离子束注入后的寿命延长情况。

表 24-4 不同用途工具经过离子束注入后的寿命延长情况

基体类型及成分		离子	寿命延长倍数
类型	材料		
成形工具	刀具	工具钢	N^+	5
	刀具	WC-CO	N^+	2~4
	模具	钢、WC	N^+	2~4
	轧辊	合金钢	N^+	3~6
切割工具	丝锥	工具钢	N^+	8~10
	丝状切割器	高速工具钢	N^+	5
	环状切割器	高速工具钢	N^+	11
成形工具	燃料注入器	工具钢	N^+	100
	精密航空轴承	M50、440C	N^+	更耐点蚀
	铍合金轴承	铍合金	B^+	3~5
	球轴承	4210钢	Cr^+	腐蚀降低 3 倍

四、汇报展示

从学习任务单中抽取素材进行组合，形成汇报材料。建议的组合为：任务单第 1~4 条；第 5、6 条；第 7、8 条；也可以自定义组合。采用适当的方式进行汇报。汇报方式参考表 24-5 中的"资源整合"。

五、评价总结

汇报展示之后，请完成表24-5。

表 24-5 任务 24 评价表

指标	评分项目		自我评价	得分点	得分
知识获取	□了解其他改性技术和常规方法的区别		□结论明确 □抓住重点 □及时总结 □发现兴趣点	每项5分 共40分	
	□了解表面强化方法发展的历程				
	□熟悉喷丸强化的原理及特点				
	□熟悉滚压强化的原理及特点				
	□熟悉激光淬火的原理及特点				
	□了解电子束淬火的原理及特点				
	□了解离子束注入的强化原理及应用				
	□查资料了解其他更多的表面改性技术				
学习方法	□能从学习任务单中提炼关键词		□清晰 □快速 □模糊 □慢速	每项4分 共12分	
	□能够仔细阅读并理解所查资料内容				
	□能够划出重点内容				
学习能力	注意力	□持续集中 □短时集中 □易受干扰 □与阅读材料难易有关		每项4分 共28分	
	理解力	□完全理解 □部分理解 □讨论后理解 □教师讲解后理解 □仍有问题未解决			
	阅读分析	□能快速理解各种强化工艺 □能归纳本次任务学习重点			
	资源整合	□文本 □图表 □陈述 □导图 □表达式 □一份清单 □系列情境			
	表达能力	□开场总结前面所学知识	教师点评：		
		□开场表述条理清楚、内容正确、语言简洁			
		□汇报展示			
素养提升	主动参与	□积极主动阅读、记笔记	□符合 □一般 □有进步	每项5分 共20分	
	独立性	□自觉完成任务 □需要督促			
	自信心	□文明用语、乐于教人 □若时间允许能解决 □感觉有点难			
	信息化应用	分享资料渠道与类型：			
总评：□满意 □不满意 □还需努力 □有进步					总分：

习题测试

1.【填空】材料表面强化处理（表面改性）是指不改变材料____特性，仅改变材料____的物理、化学特性的表面处理手段。

2.【填空】现代材料表面改性技术就是综合应用____、____、____、____、____知识，对产品或材料进行处理。

3.【填空】滚压工具按施加载荷的特点可分为____工具和____工具。

4.【填空】激光淬火设备有____激光器、____激光器、____激光器。

5.【单选】通过改变注入离子的（ ）可以控制注入层的厚度。

　A. 速度大小　　B. 密度大小　　C. 能量大小　　D. 温度大小

6.【判断】离子束注入是一个非平衡过程。（ ）

7. 【判断】激光淬火与传统淬火机理不同。（　　）
8. 【判断】喷丸强化不适合在工件的截面变化处、圆角、沟槽、危险断面以及焊缝区进行。（　　）

拓展阅读

激光加工是实现清洁低碳技术的创新型手段，加之我国在激光器研制、激光头制造领域目前已经走在前列，为解决表面强化领域的"卡脖子"问题奠定了基础。创新驱动"高精尖"产业发展的不同层面，尽可以通过央视网"创新驱动发展 打造国之重器"，深层次了解表面强化技术在不同领域装备制造中的重要作用。

参 考 文 献

[1] 车顺强,景宗梁. 熔模精密铸造实践 [M]. 北京:化学工业出版社,2015.
[2] 韩蕾蕾. 材料成形工艺基础 [M]. 合肥:合肥工业大学出版社,2018.
[3] 宋仁伯. 材料成形工艺学 [M]. 北京:冶金工业出版社,2019.
[4] 张博. 金相检验 [M]. 2版. 北京:机械工业出版社,2019.
[5] 韩步愈. 金属切削原理与刀具 [M]. 3版. 北京:机械工业出版社,2022.
[6] 王启仲. 金属切削原理与刀具 [M]. 北京:机械工业出版社,2015.
[7] 陈海英. 航空工程材料 [M]. 3版. 北京:北京航空航天大学出版社,2022.